一本就通
世界食蟲植物圖鑑

萊佛士豬籠草（*Nepenthes rafflesiana*）

維奇豬籠草（*Nepenthes veitchii*）

蘋果豬籠草（*Nepenthes ampullaria*）

東南亞
（馬來西亞 婆羅洲島）

前言

　　「植物居然會吃蟲！」我在小學二年級時第一次看到這樣讓人大吃一驚的植物。雖然當時看的是圖鑑，我卻深深地被圖鑑裡那不可思議的食蟲植物所吸引。

　　真正看到食蟲植物是小學四年級的時候，地點是在千葉縣南房總市的南房樂園（Nanbo Paradise）的溫室裡。第一次看到豬籠草與毛氈苔的興奮心情，我到現在還記憶猶新。

　　那時偶爾也能在園藝店買到食蟲植物。我父親當時在市區上班，他就買了一盆捕蟲堇給我。因為不知道如何照顧，才過三天左右就枯死了。那個時代既沒網路，也買不到針對食蟲植物的書籍。

　　升上國中以後，我加入了「食蟲植物研究會」，除了每年參加三次左右的聚會之外，還能用便宜的價格買到特賣品，也可以透過這個管道得知如何栽種等許多珍貴資訊。一年一度在新宿伊勢丹百貨頂樓舉辦的特賣會，是我滿心期待的一大盛事。

　　步入職場後，暫時把全副精力都放在工作上。工作上了軌道後結婚，同時也買了房子，此時我又重新點燃對食蟲植物的熱情。於是在一九九六年成立日本食蟲植物愛好會。「透過我最愛的食蟲植物來享受人生！」是我的座右銘，我在這二十四年間全力朝向目標前進。每個月定期舉辦的聚會（我們稱之為濱田山聚會）在二〇一九年九月已經來到第兩百三十回。每年發行四次的期刊已經來到第九十七期，二〇二〇年發行第一百期的紀念特刊。特賣會則是一月跟五月在池袋太陽城舉辦，七月在千葉市花之美術館舉辦，八月在箱根溼生花園舉辦，九月在板橋熱帶環境植物園舉辦。此外，植物園的人也委託我到小學和區民會館演講，以推廣食蟲植物。

　　電視節目方面，我曾出演《松子所不知道的世界》、《塔摩利俱樂部》、《秋刀魚老師最棒了》、《Pussuma》、《日本電車之旅》、《所先生大吃一驚》及《跟生物說3Q》等許多節目，雖然能力有限，但總算是對食蟲植物的推廣盡了微薄之力。

　　這次是第三次出書。我原以為上次會是最後一次，沒想到隔了十年還有人來找我出書。我在這十年期間走訪了婆羅洲、蘇門答臘以及美澳等國外的原生地，日本國內也去了尾瀨、八方尾根、谷川岳及赤城山等地，所以這本書才會有琳琅滿目的原生地影像紀錄。不過，照片不敷使用時也向朋友借用，因此想借此機會向他們道個謝。

　　這本書不是學術書籍，書中主要介紹業餘玩家所知道的原生地與植栽照片，以栽培方式為基本內容。另外，書中基本上使用植物的正式名稱，也就是「學名」，要是有大眾名稱，也會一併記載。那麼就請各位讀者進入食蟲植物的世界裡暢遊一番。

二〇一九年冬　日本食蟲植物愛好會會長　田邊直樹

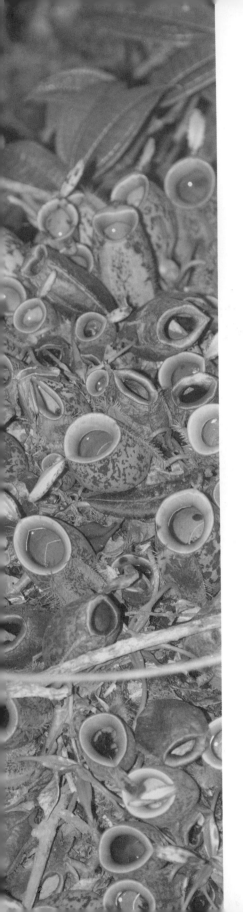

CONTENTS

眼鏡蛇瓶子草（*Darlingtonia californica*）

黃瓶子草（*Sarracenia flava*）　捕蠅草（*Dionaea muscipula*）

又蕊毛氈苔（*Drosera schizandra*）

羅威那豬籠草（*Nepenthes rowanae*）

澳洲（昆士蘭）

堅韌豬籠草（*Nepenthes tenax*）

綿銀毛毛氈苔（*Drosera lanata*）

蛇形毛氈苔（*Drosera serpens*）

土瓶草（*Cephalotus follicularis*）

澳洲（西澳大利亞）

小花毛氈苔（*Drosera micrantha*）　　吉布森毛氈苔（*Drosera gibsonii*）

羅絲娜毛氈苔（*Drosera roseana*）　　無節毛氈苔（*Drosera enodes*）

環狀毛氈苔（*Drosera zonaria*）

紅葉毛氈苔（*Drosera bulbosa*）
＊也有紅葉毛，「the red-leaved sundew」之名，又作球狀毛氈苔。

短岔毛氈苔（*Drosera ramellosa*）

鹽湖毛氈苔（*Drosera salina*）

崖居毛氈苔（*Drosera rupicola*）
＊rupicola 為拉丁語 rupes-is（懸崖）和 cola（居民）組合而成。

紫葉毛氈苔（*Drosera purpurascens*）

德拉蒙毛氈苔（*Drosera drummondii*）

山居毛氈苔（*Drosera monticola*）

澳洲（西澳大利亞）

直立毛氈苔（*Drosera stricticaulis*）

分枝捕蟲堇（*Pinguicula ramosa*）

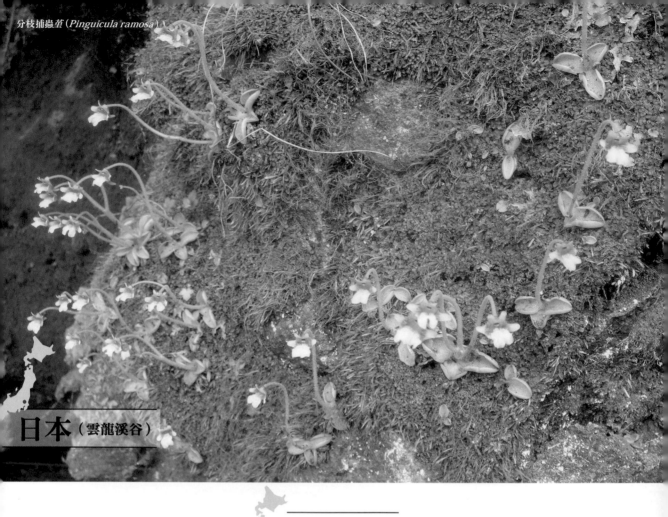

日本（雲龍溪谷）

日本（尾瀨）

英國毛氈苔（*Drosera anglica*） 尾瀨之原

大角捕蟲堇（*Pinguicula macroceras*） 至佛山

日本（三重縣伊賀市）

日本（千葉縣茂原市）

圓葉毛氈苔（*Drosera rotundifolia*）

小毛氈苔（*Drosera spatulata*）

長葉毛氈苔（*Drosera makinoi*）

日本（渡良瀨遊水地）

何謂食蟲植物？

食蟲植物的定義

　　所謂食蟲植物，簡單說來就是「會吃蟲的植物」。不對，不只是吃蟲而已，它們也會捕食老鼠等小動物。要是有人餵食，它們甚至連柴魚片或起司條也吃。讀到這裡是不是有人已經開始想像，一個對食蟲植物狂熱不已的人在家中庭院裡笑咪咪地餵著食蟲植物的景象？你是不是把它們想得很詭異，想像它大口嚼著食物、一副很好吃的樣子呢？

　　食蟲植物也會吃線蟲、蜘蛛或馬陸等昆蟲以外的小動物，所以國外是用肉食植物（Carnivorous Plants）這個更為正確的名稱來稱呼它。「肉食」這兩個字會讓人覺得它們很詭異，不過令人驚訝的是，食蟲植物甚至連人類會吃的雞肉等獸肉也能消化。

　　前言寫得有點長了，首先想來探討一下食蟲植物的定義。美國植物學家托馬斯・J・吉夫尼什（Thomas J. Givnish）等學者在一九八四年提出的定義——食蟲植物從動物的屍體獲取有助於成長與繁殖的養分，並具備引誘、捕捉、消化與吸收等機制——被廣泛引用，然而隨著研究的進展，人們才發現以往被認定為食蟲植物的物種也有一部分不符合這個定義，如捕蟲菫屬（Pinguicula）並不引誘小動物；瓶子草屬（Sarracenia）、布洛鳳梨屬（Brocchinia）以及嘉寶鳳梨屬（Catopsis）幾乎不分泌消化酶，豬籠草屬（Nepenthes）的某些品種不吃小動物，而是以動物糞便或落葉為食；南非捕蟲樹屬（Roridula）靠葉片捉到的蟲子並不自行消化，而是等刺客蟲吃掉之後，再透過葉面從昆蟲的糞便中獲得養分。因此：

(1) 透過根部以外的器官（葉或莖）從生物或來自於生物的物質獲得養分。

(2) 透過根部以外的器官獲得養分，所以能夠在光靠根部吸收營養的植物無法存活的貧瘠之地活下來。

如今被認為是較為適切的定義。澳洲有部分花柱草屬的植物會分泌黏液捕捉小動物，但它們幾乎不會從小動物吸收氮，因此不符合食蟲植物的定義。至於藍雪花（Plumbago auriculata）跟黃花單角胡麻（Ibicella lutea）也是一樣。另一方面，產於巴西的Paepalanthus bromelioides的葉片雖然並未分泌消化酶，但是在葉柄處發現有蜘蛛，可見植物本身是透過葉片從蜘蛛糞便與剩餘食物經過細菌分解後的產物獲得營養，所以是食蟲植物。

　　雖是會開花結籽的一般植物，但除了從根部吸收養分之外，還能靠著葉片等根部以外的器官來捕捉昆蟲並且獲得營養——食蟲植物這個名稱，指的就是採用這種特殊的方式來攝取營養的植物。

　　符合這個定義的食蟲植物在全世界共有12科19屬。不過，在這個廣大的地球上，仍有許多新的生物和物種陸陸續續被發現，而食蟲植物也不例外。另外，也有一些已被發現登錄過的一般植物到後來才被判定為食蟲植物。順帶一提，最近一次有植物被納入食蟲植物界的記錄是在二〇一二年，因此食蟲植物的數量今後也可能會增加。

像是食蟲植物的一般植物

　　各位有聽過蠅子草（Silene armeria）嗎？蠅子草的花莖有部分黏答答的，可以捕捉昆蟲。看到這樣的狀況，或許會有人認為「這不就是食蟲植物嗎？」但是蠅子草雖然捕捉昆蟲，卻不進行消化吸收。昆蟲被黏住之後，只是因為逃不了而餓死而已。要是無法證明蠅子草有從昆蟲身上獲得養分，那麼蠅子草就只是「會捕捉昆蟲的瞿麥」*而已。

　　寄生在山毛欅根部的齒鱗草（Lathraea japonica）的鱗片狀葉子裡也有昆蟲遺骸，但同樣也不進行消化吸收，因此不能說是食蟲植物。

*蠅子草又作高雪輪、捕蟲瞿麥。

　　蘭科植物拖鞋蘭（Paphiopedilum）的袋狀花瓣也會讓人聯想到食蟲植物豬籠草，而且拖鞋蘭與豬籠草生長於同一地點，要是請馬來西亞的當地人帶路到豬籠草的原生地，有時他們會把人帶去拖鞋蘭

鳳梨科的食蟲植物
貝爾特羅嘉寶鳳梨（Catopsis berteroniana

的原生地，不過這種植物當然也不是食蟲植物。

很多人都知道鳳梨科植物的中心處會積水，雖然常可見到昆蟲不小心掉入淹死，但植物本身並不進行消化，所以也不能說是食蟲植物。不過，鳳梨科唯獨有一個種類已被確認具備食蟲性，因此被歸類為食蟲植物。

食蟲植物的分類

以下根據最新資訊列出基於田野調查與基因研究的食蟲植物分類方式。

科	屬		屬內的食蟲植物數量	屬內物種數
鳳梨科 Bromeliaceae	*Brocchinia*	布洛鳳梨屬	2	20
	Catopsis	嘉寶鳳梨屬	1	19
穀精草科 Eriocaulaceae	*Paepalanthus*	食蟲穀精屬	1	420
土瓶草科 Cephalotaceae	*Cephalotus*	土瓶草屬	1	1
茅膏菜科 Droseraceae	*Drosera*	毛氈苔屬	243	243
	Dionaea	捕蠅草屬	1	1
	Aldrovanda	貉藻屬	1	1
露葉毛氈苔科 Drosophyllaceae	*Drosophyllum*	露松屬	1	1
豬籠草科 Nepenthaceae	*Nepenthes*	豬籠草屬	174	174
瓶子草科 Sarraceniaceae	*Darlingtonia*	眼鏡蛇瓶子草屬	1	1
	Heliamphora	太陽瓶子草屬	25	25
	Sarracenia	瓶子草屬	8	8
南非捕蟲樹科 Roridulaceae	*Roridula*	南非捕蟲樹屬	2	2
車前草科 Plantaginaceae	*Philcoxia*	菲爾科西亞屬	3	3
雙鉤葉科 Dioncophyllaceae	*Triphyophyllum*	穗葉藤屬	1	1
彩虹草科 Byblidaceae	*Byblis*	彩虹草屬	8	8
狸藻科 Lentibulariaceae	*Genlisea*	螺旋狸藻屬	30	30
	Pinguicula	捕蟲堇屬	80	80
	Utricularia	狸藻屬	228	228

數字不包含原種、亞種、變種以及自然雜交種的數量在內。

毛氈苔屬、瓶子草屬等屬別的所有植物都是食蟲植物，至於布洛鳳梨屬、食蟲穀精屬，以及嘉寶鳳梨屬則只有其中幾種植物是食蟲植物。

捕蟲機制

食蟲植物在地球的長久進化歷程中發展出了各種必殺技，在此為讀者做個介紹。

（1）沾黏式

毛氈苔屬　捕蟲堇屬　南非捕蟲樹屬　彩虹草屬
露松屬　穗葉藤屬　菲爾科西亞屬

以前日本無論哪戶人家的廚房裡都會吊掛帶狀的捕蠅紙，近年來為了防治果蠅，製藥公司推出了「捕蠅棒」這種用來黏蒼蠅的商品。昆蟲要是被黏在膠帶

毛氈苔的黏液

上，就再也無法逃脫。這項商品的靈感，該不會是來自於食蟲植物吧？食蟲植物利用沾上許多黏液的葉片來捕捉昆蟲，並加以消化。

　　南非捕蟲樹屬的植物具備超強黏力，甚至連植物本身都枯萎了，黏力依然如故，所以有報告指出，以前當地的鄉下人家會把南非捕蟲樹綁成一束，把它當成捕蠅紙使用。

　　另外，刺客蟲可以住在南非捕蟲樹上而不會被黏住。這種昆蟲可以在黏液上隨意走動，吸取被葉片黏住的蟲子的體液。然後植物會從葉面上的昆蟲排遺吸收養分。

（2）陷阱式

豬籠草屬　瓶子草屬　眼鏡蛇瓶子草屬　嘉寶鳳梨屬
布洛鳳梨屬　太陽瓶子草屬　食蟲穀精草屬　土瓶草屬

　　豬籠草屬的葉片前端進化為袋狀，昆蟲一旦掉進袋裡，就再也爬不上去。接下來會被袋裡具備強酸性的消化液所溶化。捕蟲葉的蓋子內側有蜜腺，會散發出甜蜜香氣。昆蟲會被這個氣味吸引而靠近。捕蟲葉的邊緣很滑，要是昆蟲滑落袋中就會溺死，接著被消化吸收。

　　下方的照片是捕蟲葉裡面的狀態。雖然有昆蟲遺骸飄浮其中，但仔細瞧瞧就會發現有蝌蚪在裡面生活。這種青蛙叫作豬籠草姬蛙（*Microhyla nepenthicola*），成體大小只有1～1.3公分。青蛙在壺型捕蟲囊裡面產卵，而蝌蚪則是在捕蟲囊內的液體中成長。不可思議的是，蝌蚪並不會被豬籠草的消化液消化分解。

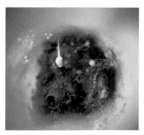

　　在豬籠草屬當中，甚至有植物是從老鼠的糞便攝取營養。為了方便老鼠排便，捕蟲囊開口處的形狀變得像是西式馬桶一樣。老鼠會把腳跨在上面排便。這種以老鼠糞便作為營養供給的共生關係令人訝異。

　　瓶子草屬的植物用於等候昆蟲滑落其中的捕蟲袋為管狀，瓶蓋內側跟豬籠草一樣會分泌蜜汁，以吸引昆蟲。管狀結構裡有朝向底部方向生長的細毛，昆蟲在裡面越是掙扎，就越會被推向深處，再也無法爬上去。

　　有趣的是，居然有青蛙會從旁攔截瓶子草的獵

物。為了攔截受到氣味吸引而飛來的昆蟲，青蛙會在開口處附近等待。而蜘蛛也是一樣，蜘蛛會在瓶蓋內側等候。

　　外型頗為奇特的眼鏡蛇瓶子草跟瓶子草很像。這兩種屬別的植物都具備陷阱式的捕蟲葉，不過並沒有用於捕捉獵物的可動部分。

　　兜帽下方的鰭狀結構色彩鮮豔而醒目，可吸引遨遊空中的獵物。獵物終究會鑽進兜帽裡，不過想從開口處鑽出、回到外面的世界可是很困難的。掉入陷阱中的獵物因滑溜溜的內側表面失足滑落，掉入長有朝下倒生的細毛且有消化酶分泌的底部，成為眼鏡蛇瓶子草的食物。另外，這種植物的葉子在幼苗期並非直立生長，而是匍匐在地，所以捕食的是地面上的螞蟻。

　　太陽瓶子草屬的湯匙狀小瓶蓋上有兩種蜜腺，可引誘獵物靠近。它跟瓶子草、眼鏡蛇瓶子草一樣是管狀結構，只是瓶口大大敞開。腹側隆起，長滿許多粗大而牢固的尖刺，一直延伸至瓶蓋基部。這樣更能引誘昆蟲，而且相當具有特色的尖刺分布狀態還能用來判定種別。

眼鏡蛇瓶子草（*Darlingtonia*）

Heliamphora

瓶身上方的內側也有蜜腺分布，由此可見太陽瓶子草在捕捉昆蟲方面有多麼積極。瓶身裡面長滿了倒生的短毛，可阻止昆蟲逃出去。

要是用人工光源二十四小時照射土瓶草屬的植物，氣溫25度的情況下只會長出捕蟲葉，氣溫15度的情況下則是只會長出平面葉。一般認為，氣溫低時獵物少，所以會長出光合作用效率佳的平面葉；氣溫升高時獵物增加，所以會長出捕蟲葉。

（3）閉合式

捕蠅草屬　貉藻屬

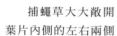

從形狀上看來，不管誰看了都會知道是食蟲植物。特化成兩片狀的葉子能瞬間閉合以捕捉獵物，這樣的食蟲植物可說是讓人一目瞭然。

捕蠅草大大敞開葉片內側的左右兩側都有刺毛（感應毛），要是用鑷子等工具加以碰觸，葉片就會迅速閉合。

貉藻的莖條上輪生的六到八片捕蟲葉為雙殼式，可捕捉水中的孑孓、水蚤等生物。將葉片閉合以捕捉昆蟲的方法，是透過捕蟲器內部大約有四十根的感應毛來進行。蟲子一旦碰到感應毛，葉片就會閉合，逃也逃不了。不過，除了感應毛以外，水溫的變化等因素也是可能造成葉片閉合的刺激來源。而且將葉片閉合所需要的時間居然只有0.02秒，這是配合在水中動作迅速的水蚤等生物而達成的進化。

捉到獵物後，閉合的葉片裡面就會開始進行消化。葉片為了消化獵物而強力收合，接著分泌消化液進行消化吸收。此時葉片為緊閉狀態。閉合的葉片會暫時成為胃囊。無柄腺分泌蛋白分解酶來分解小動物，以獲得水中不足的氮，並且分泌蛋白去磷酸酶等酵素，以獲得磷酸，花費六天左右的時間將獵物慢慢消化掉。等到消化吸收完畢，就會再度將葉片敞開，等候下一個獵物到來。

（4）吸入式

狸藻屬

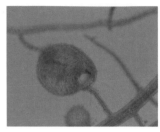

捕捉水中或土裡的微生物的終極殺手。往水中或土裡伸展的莖條各處都有直徑1公釐左右、處於低壓狀態的捕蟲囊。捕蟲葉裡面的水分向外排出之後，捕蟲葉裡面就會形成負壓。當昆蟲碰觸到開口處的門或者門上的細毛，開口處的門就會因為槓桿原理而瞬間開啟，將水蚤等獵物連同水一併吸入。簡單說來，就是跟定量吸管的原理一樣。狸藻屬的捕蟲囊的運作機制很簡單，不同於其他食蟲植物，植物本身並沒有可偵測獵物碰觸所造成的刺激的機制。捕蟲袋的開口處因為物理性的槓桿原理而開啟，並且將獵物連同水一併吸入。

（5）單向通行式

螺旋狸藻屬

延伸至地面下的是葉片特化而成的捕蟲器，並不是根部。那是前端形成倒Y型分支的捕蟲管，其側面小孔可容微生物進入。捕蟲器的開口與內側長有跟開口處反向的細毛，這會讓進入其中的蟲子越來越深入，最後進到捕蟲器基部的袋子裡。接著利用消化液將生物體消化吸收。

其他書籍將這種捕蟲方式稱為迷宮式，不過這並不是迷宮，而是單一方向地將獵物送進消化器官裡。既然不是讓獵物困在迷宮裡找不到出口的捕蟲方式，單向通行式的說法應該較為正確。

花莖上面有沾滿黏液的細毛，看來是用於捕捉蟲子。目前似乎還沒有相關研究，不過，要是有證據顯示植物有進行消化吸收，螺旋狸藻就會是「左右開弓型」的食蟲植物。

栽培基礎與繁殖方式

（1）栽培環境

不同於其他植物，食蟲植物大多生長於特殊的環境中，所以要是按照一般園藝植物的方式來栽種，往往無法順利成長。食蟲植物的原生地幾乎都是日照充足而且溼度很高的溼地，選擇栽種地點與栽培環境時必須留意到這一點。

不過，「食蟲植物」的形象往往會讓人聯想到熱帶雨林，因而認為食蟲植物都是熱帶植物，或者誤以為不能種在戶外。這就是會種失敗的一大原因。

另外，食蟲植物會讓人誤以為必須採取特殊的方式來栽種，其實多數品種都只要照著一般園藝植物的方式來栽種就行了。

比方說豬籠草，適合種蝴蝶蘭或拖鞋蘭等蘭科植物的環境也一樣能種豬籠草。另外，就算氣溫較低也能把嘉德麗雅蘭種活的溫室，也同樣能把產於墨西哥的捕蟲菫種好。

能將花菖蒲照顧得很好的人，可用幾乎一樣的條件來種瓶子草；對非洲菫頗有心得的人，可用同樣的方法照顧產於墨西哥的捕蟲菫；種植鷺蘭或朱蘭頗有技巧的人；照顧起產於日本的毛氈苔或產於日本與歐洲的捕蟲菫想必也是輕輕鬆鬆。

就像這樣，食蟲植物雖然生長在特殊環境裡，然而絕對不需要有別於其他一般植物的栽培技術，大多只要照著蘭花或野生植物的方式來栽種即可。

栽種地點以日照充足的南向或東向的庭院或陽台為佳。可以的話，最好是選擇上午能充分曬到太陽，下午則有遮蔭的地方。只要跟魚販要來保麗龍盒裝水就行了，不需要什麼特殊設備。幼苗可以在園藝店買到，也能透過網購或者跟其他同好交換取得。不過，剛接觸這個領域的人最好從一般品種著手，不要選擇昂貴又罕見的品種，而且最好是成株。日本居家雜貨店等處近來都會販售較為適合新手的品種，而且價格平易近人。

取得幼苗後種入盆內，以腰水法給水。春秋兩季要充分曬太陽，夏季則使用遮光率30％的遮陽網來遮蔭。耐寒的毛氈苔、瓶子草等品種可直接種在戶外；產於熱帶的毛氈苔、狸藻、捕蟲菫、太陽瓶子草以及豬籠草等品種則是得下點工夫為植株保暖保溼。詳細內容請參考各類品種的栽培方式相關頁面。

（2）栽培設備

①溫室

0.5坪到2坪大小的鋁合金溫室可以用一般居家雜貨店的材料搭建。可以的話，最好將地面下挖10～20公分，這樣就可以保持足夠的溼度。在溫室裡搭設棚架，放置水盤，再擺上盆栽。搭設兩到三層的棚架，並將其分成日照充足區、只有早晨曬得到太陽的

陽台一景

1坪大小的
鋁合金溫室

溫室一景

區域，以及可半日遮蔭的區域等各種不同的環境，分別擺放適合該環境的品種。夏天要打開天窗等處讓空氣流通，夏季以外的季節就算白天關著也不會有什麼問題，不過要是很悶熱的話，就要打開天窗或窗戶讓空氣流通。設置於地面上的溫室就算沒有下挖也有一定的溼度，不需使用加溼器，也不需要換氣扇，不過，要是設置於陽台就很容易乾燥，冬季的白天溫度偶有超過30度的，因此建議應配備加溼器與自動換氣扇。加溫設備可選擇雜貨店販售的吊掛式暖風機，不僅方便也很安全。可利用恆溫器來自動調節室溫。

②沃德箱（Wardian Case）

每到秋天，居家雜貨店常會推出家用型的室內鋁合金溫室。不僅組裝簡單，價格也不貴，很適合用來種洋蘭或非洲堇。可利用加熱板加溫，並且用恆溫器來調節溫度。

可以把它擺在室內日照充足的地方，要是日照不足，可安裝LED燈（植物生長燈）。另外，沃德箱原本應放在室內，不過設置於戶外也不成問題。

③水族箱

可利用飼養熱帶魚的水族箱營造出保暖保溼的環境。在水族箱裡倒入10公分高的水，然後在水族箱的四個角落放入倒扣的4號盆或5號盆，接著在上面擺上金屬網架。最後將盆栽擺在金屬網架上，再蓋上透明壓克力板就完成了。這就是所謂的簡易溫室，有頂蓋的陽台或朝南且日照充足的房間是最佳放置地點，而非戶外。冬季可將附有恆溫器的加熱器放進水裡，

以溫水來加溫，不過要注意盆栽不可浸在水裡。就算是如此簡單的設備，也能在冬季輕易打造出溫度20度、溼度100％的環境，因此可種植豬籠草、毛氈苔以及捕蟲堇等多種植物。

④降溫設備

眼鏡蛇瓶子草、太陽瓶子草、溫帶高山性的捕蟲堇以及高地性的豬籠草等品種不耐夏季高溫，所以得要有降溫設備。雖可在1坪大小的鋁合金溫室內安裝家用冷氣，不過這麼做不僅很占空間，也需要一筆花費，不是確實可行的做法。

最省麻煩的方式是，將沃德箱或水族箱設置在一間二十四小時都開著冷氣的房間裡。雖然免不了要擔心電費，但這樣就不用另外投資設備，最省麻煩。

夏天就算把室內溫度設定在23～25度，白天的氣溫仍會上升到將近30度，晚上則會降至23～25度。

春秋兩季在最高氣溫不超過30度、最低氣溫在20度以下時，可以關掉冷氣、打開窗戶。冬天雖然不開暖氣，但因為關著窗戶，一整年的室內最低溫度都能保持在5度以上。要是想種豬籠草，冬天至少要升溫至10度以上。

另外，也可以用冷水循環機來降溫。這是為了飼養熱帶魚而開發的產品，可讓冷水不斷循環，熱帶魚專賣店就有賣。請將其設置於室內。若是日照不足，可利用熱帶魚或爬蟲類用品的LED燈加以照射，並用計時器來控制日照時間（白天開，晚上關）。

另外，要是有大型溫室的話，可用噴霧加溼器搭配大型風扇二十四小時送風。水蒸氣一直在空氣中攪

沃德箱

水族箱溫室

飼養熱帶魚會用到的冷水循環機

動，可為盆栽帶來汽化冷卻的效果。有人就以此將高山性的豬籠草照顧得很好，令人肅然起敬。

⑤寶特瓶栽培

我們知道食蟲植物喜歡待在溼度很高的地方，但要是沒有空間也沒錢添購溫室或沃德箱、水族箱等設備的話，善用寶特瓶也不失為一個好辦法。

將兩公升的寶特瓶從中間切開，放入盆後用膠帶固定將其恢復原狀。這就是一個超小型的簡易溫室。

要是讓這個簡易溫室直接照射陽光，寶特瓶裡的溫度就會上升，因此最好是放在室內的窗戶旁邊。另外，雖然必須時常調整瓶內環境——例如將上半部的蓋子打開等，不過，靠著這個辦法就能將土瓶草跟太陽瓶子草照顧得很好。

（3）栽種方式、培養土、盆器

①栽種方式

栽種地點、栽培設備都準備好之後，就只剩下擺上植物而已。就像前面提過的一樣，食蟲植物生長在潮溼的溼地，所以能用水苔栽種。市面上有販售乾燥水苔，使用前先泡水，讓水苔吸飽水分即可使用。在盆底放入大顆的日向土、鹿沼土、花盆碎片以及切成小塊的保麗龍，大約1～2公分高即可。先塞入一些水苔，然後澆水。用水苔包覆幼苗的根部，接著用鑷子在盆底的水苔戳一個洞，將幼苗插入盆中。種好之後給予足夠的水分，並且放入水盤，用腰水法給水。不過，務必要檢查排水狀況。從盆栽上方澆水，過了1～2秒就有水流出是剛剛好的狀態。要是觀察到水分似乎

滯留盆中，那就表示水苔塞得過於緊實，必須重種。

把盆栽整個放入盛了水的水盤裡的給水方式稱為「腰水」，幾乎所有的食蟲植物都是用腰水來栽培。腰水的高度端看植株種類與盆栽大小而定，詳細內容請參考各類品種的栽培方式相關頁面。

水盤以保麗龍盒最為合適，可以跟魚販要幾個來用。夏天的時候，水盤裡的水會變熱，所以最好是用大一點的保麗龍盒。而且千萬不要每盆都用一個水盤，這樣不但給水的時候很麻煩，水溫也免不了會上升。另外，利用飼養熱帶魚會用到的空氣幫浦將空氣打入水盤的水，也是一種有效的做法。

水質一旦惡化，水綿等藻類就會增生，除了勤於撈除之外，也可以換水。要是空間足夠的話，可以在木製框架鋪上塑膠布，製作長180公分、寬50公分（混凝土模板用合板的一半大小）的水盤。可以讓自來水一點一點地慢慢流進去，或者用自動灑水器定時給水。我的做法是夏季每日早晚分別加一次水，盛夏以外的季節則是只有下午加一次水，兩天一次。這麼做既能防止腰水的水溫上升，也能確保水質穩定。這樣就能把怕熱的食蟲植物照顧得比較好。

②用土

雖然評價不一，不過根據我多年來的經驗，我會建議剛開始種食蟲植物的人先用水苔種種看。取得幼苗之後，雖然也可以就那樣繼續種著，但有些植株是種在容易腐敗的土裡（例如泥炭土等）或是小花盆裡，因此建議最好是要換盆，除非當時是盛夏或嚴冬。

從居家雜貨店等處買到乾燥水苔之後，必須讓水

寶特瓶栽培

腰水栽培

苔吸飽水分才能使用。用水苔包覆毛氈苔、捕蟲堇等植株的根部，並且用水苔在外面繼續包，直到形成一顆跟盆栽差不多大小的圓球。接著就那樣插進盆裡，就完成換盆了。這麼簡單又方便是使用水苔的最大優點。而且用水苔來種，就能同時滿足溼地植物栽培的最大重點──「排水性與保水性俱佳」這個乍看之下完全相反的兩個條件。水苔要是塞得過於緊實，排水性就會變差，給水後1～2秒左右就有水流出是最好的狀態。除了水苔之外，也可以混合使用泥炭土、蛭石、珍珠石、椰纖土、桐生砂、輕石、日向土、鹿沼土、赤玉土以及川砂等多種土壤，詳細內容請參考各類品種的栽培方式相關頁面。

③盆器

　　盆器有素燒盆、瓷釉盆、塑膠盆、塑膠軟盆等許多種，基本上無論哪一種都可以，只是在尺寸大小方面應盡量選擇縱長型的盆器。使用縱長型盆器的理由如下：

①很多品種的根部都長得又長又直，因此以縱長型的盆器為佳。

②除了可避免盆內過溼過熱之外，也能讓栽培環境維持穩定。

　　然而網路上雖能買到縱長型的盆器，但一般園藝店並沒有販售，不過，只要將寶特瓶的上半部切除，並且在底部挖洞，就是一個約有20公分深的盆器。使用這樣的盆器來種，植株就會長得很好，請務必要試試看。在盆底放入花盆碎片、輕石以及大顆粒碎石，接著在上面以水苔定植。這是園藝基礎中的基礎。

　　花盆尺寸以直徑標示，然而並沒有標示深度或容量的單位。1號盆的直徑為3公分，3號盆的直徑則是9公分。請依照植株大小挑選合適的盆器。塑膠深盆適合栽種瓶子草，塑膠淺盆適合栽種澳洲的塊莖毛氈苔或南非的塊根毛氈苔，縱長型的軟盆則適合用於育苗。挑選盆器時應該要看植株大小。

　　要是盆栽擺在高樓層公寓的窗邊等處，而且用的又是黑色盆器的話，就要多加注意。因為夏天不會有陽光射進來，而且室內大多有空調，看到植物有辦法撐過炎夏，往往會讓人鬆了一口氣。可是到了秋天，太陽的高度降低，盆栽就會隔著玻璃照射到好幾個小時的陽光。如果用的是黑色盆器，盆裡的溫度就會一下子升高，因此造成植株枯萎。要是遇到這種狀況，可以把側面會曬到太陽的盆器換成白色的，或者

縱長型的塑膠盆
（9公分×13公分）

縱長型的塑膠盆
（6.5公分×9公分）

寶特瓶盆栽

縱長型的軟盆
（6公分×7公分）
比一般軟盆（左）
還要高1.5公分

多套一個盆器等，最好要下點工夫改善一下。

（4）繁殖方式

①實生

種子繁殖是最基本的繁殖方式，這不僅限於食蟲植物。種子繁殖的優點是一次就能大量繁殖，缺點則是需要時間才能成長為母株大小，而且直到發芽為止，都必須小心呵護。培養土以在泥炭土中混入剪碎的水苔為佳，播種後要經常照射陽光，不過因為種子大多很小，必須注意不能被雨水沖刷，澆水時水量也不可過大。兩週到一個月的時間就會發芽，發芽後長到一定的大小就得換盆。換盆時應考量成株大小，給予適當的間隔。

近年來有人以冬化法、煙燻法、吉貝素法以及組織培養等方法為種子催芽，詳細內容請參考各頁說明。

②葉插

食蟲植物的魅力在於其特化為捕蟲葉的葉片極具觀賞價值，可利用葉插繁殖也是食蟲植物的一大魅力。

只要摘下毛氈苔、捕蟲菫等植物的葉片，擺在溼潤的水苔上就行了。葉插繁殖的優點是可在短期間內輕鬆繁殖，缺點則是從母株身上摘下葉片就像是切除人類的胃部一樣，有時會影響到母株的健康。所以葉片不能摘得太多，也最好不要從狀況不好的植物身上摘取葉片。

毛氈苔的葉插技巧，是在未放入保麗龍或花盆碎片的小花盆裡鋪上剪碎的水苔，以腰水法給水，使其處於溼潤狀態。接著將沾有黏液的部位朝上擺上葉片，再用塑膠杯蓋住以保持高溼度。為了通風，塑膠杯上面要鑽兩個洞。葉插繁殖的時期最好是在五月，快的話兩週就會開始生根發芽。長出足夠的根部之後，就可以換盆，依照母株的方式來照顧管理。最好要經常照射陽光。

產於墨西哥的捕蟲菫只要在葉插前摘除冬芽，就能大量繁殖。重點在於其栽培環境要比毛氈苔的來得乾燥。土瓶草、捕蠅草，以及北領地毛氈苔家族（D. Petiolaris complex）都要從葉柄摘下葉子，並且將葉柄的部分插入水苔裡。

③根插

有部分毛氈苔（叉葉毛氈苔〔D. binata〕、漢米爾頓毛氈苔〔D. hamiltonii〕、好望角毛氈苔〔D. capensis〕、皇帝毛氈苔〔D. regia〕以及阿迪露毛氈苔〔D. adelae〕等）與土瓶草可用這個方法繁殖。根插繁殖的優點跟葉插一樣是可在短期間內繁殖，沒有什麼缺點。只要在換盆時剪下過長的根部埋進水苔裡，兩週到一個月的時間就會發芽。用於根插的盆器就跟平常栽種時一樣，放入花盆碎片後鋪上水苔，將根部橫向放入後，再用水苔蓋住。要是太潮溼，根部就會腐爛，這一點請多留意。

④苞芽

迷你毛氈苔（Pygmy Drosera）在日本會於冬天時從植株中央長出苞芽。苞芽長出來之後，可用泥炭土跟沙子混合成的培養土來種，苞芽與苞芽之間要有2公分的間距，無須覆土。依照母株的方式來照顧管理即可，發芽過後一個月左右就是成株。我想沒人會將一顆顆的種子以2公分的間距播種，不過要是用同

叉葉毛氈苔的
實生繁殖

皇帝毛氈苔的
根插繁殖

捕蟲菫的葉插繁殖

苞芽

樣的方式去種苞芽，就可以種出有如美麗的地毯般的迷你毛氈苔，甚至可以當成展示品，請務必要試試看。

歐洲的捕蟲堇的冬芽附近會長出許多小冬芽，可以輕易摘下。把這些小冬芽從植物身上摘下後種到別的盆裡，就會長出許多幼苗。

⑤扦插

這種繁殖方式主要用於豬籠草。水插發根法既不占空間也不麻煩，可說是最好的繁殖方式。選擇充分成長、根部已冒出新芽的植株作為母株。

用剪刀剪斷莖條。此時需注意要附有兩片以上的葉片，插穗長度也要多於5公分。剪枝時必須在水中進行。插穗下方是要長根的部位，可用美工刀等工具修整。只要將插穗插入裝滿水的瓶子（將兩公升寶特瓶的上半部切除）即可。可用膠帶固定插穗以免搖晃。

瓶子需給予充分日照。雖說在炎炎夏日多少要躲一下太陽，但比起遮陽，水乾了就會枯死是更需要留意的問題。一到兩個月的時間就會長根，也會開始發芽。根部長到1～2公分就能用水苔種植。

⑥分株

瓶子草可在冬季換盆時進行分株。稍微用點力就能扳開的時候，就是分株的好時機。扳不開卻硬要分株，會對植物的生長造成不好的影響。太陽瓶子草也同樣可以分株，只是根部與植株都很脆弱，必須小心謹慎。捕蟲堇則是在盛夏以外的任何季節都能進行分株。溼地狸藻要是種得滿滿一盆，就會長不好，所以必須適度分株繁殖。

毛氈苔交配種的冬芽有時會分成好幾顆芽，只要分芽就能繁殖。

⑦走莖

在食蟲植物當中，也有像草莓一樣靠走莖繁殖的植物。負子毛氈苔（*Drosera prolifera*）的不定芽是從花莖（附有花朵的莖條）長出，而非走莖（匍匐於地面的營養枝〔帶有葉片的枝條〕，也稱為匍匐莖）。這是負子毛氈苔特有的繁殖方式。另一方面，塊莖毛氈苔大多是在地面下長出走莖，形成新的球根。*Drosera intricata* 的匍匐莖則是在地面上生長，這一點很特別。另外，眼鏡蛇瓶子草也會長出走莖來繁殖。

（5）肥料

食蟲植物原則上不需要施肥，也無須特地餵食昆蟲。不過，有些品種的確在有施肥的情況下長得比較好。一般是將花寶（Hyponex）稀釋一千倍後溶於腰水中，不過豬籠草、瓶子草、土瓶草以及太陽瓶子草則是直接倒進捕蟲袋裡即可見效。另外，塊莖毛氈苔、露松以及大彩虹草（*Byblis gigantea*）等植物，只要在培養土中加入魔肥（MAGAMP K）就能看到效果。此時需注意不可直接把肥料倒在球根或根部上。

除此之外，在豬籠草或毛氈苔的葉面噴灑葉面散布劑（葉源等肥料氮：磷：鉀＝3：3：1稀釋一千倍的溶液）也很有效。

不過，施肥過多會導致培養土加速腐敗，也會產生藍綠菌等，影響到植物的生長。如果要噴灑花寶或葉面散布劑，可在春季與秋季施肥二～三次（一週一次左右）。至於魔肥，可在換盆時少量施肥（4號盆可放十顆左右）。油粕、雞糞與骨粉並不適合食蟲植物，請勿使用。

另外，雖然不是肥料，但有時不用昆蟲改用起司片或蛋白粉來餵養捕蟲堇或毛氈苔等用沾黏的方式捕蟲的食蟲植物，就會看到植物以驚人的速度成長。不過，這些食物同時也會引來蛞蝓或鼠婦嚙食葉片或新芽，必須多加注意。另外，用稀釋五百倍的美能露（Menedael）等植物活力素來澆灌衰弱的植株或扦插枝條也很有效。

已長出根來的
豬籠草插穗

分株後的毛氈苔

負子毛氈苔的不定芽

瓶子草屬
Sarracenia

北卡羅萊納州的黃瓶子草

　　瓶子草屬的植物生長於加拿大與美國的五大湖周邊、東北部以及東海岸到南海岸日照充足的溼地。日文名稱為「瓶子草」，這種植物會誘使昆蟲跌進其管狀葉片裡。瓶內長有朝下倒生的細毛，昆蟲越是掙扎，就越會因為倒生的細毛而被推往下方無法逃脫，然後在瓶子裡餓死或溺死，接下來瓶子草體內共生的細菌會將昆蟲的蛋白質分解，最後加以吸收。

　　原種不多，只有八種。不過人工授粉從以前就很盛行，除了單交以外，還有雙交、三交與更多樣的交配方式，以及從下一代當中選出的許多優良品種。例如日本就培育出「江戶自慢」、「京大錦」、「紅兜」、「白雲」、「立波」、「豔姿」、「白波」、「京鹿子」與「紅」等許多的優良交配品種。

　　小瓶子草（*S. minor*）與鸚鵡瓶子草（*S. psittacina*）的袋口背側有兜帽狀的瓶蓋，兜帽狀瓶蓋上的透明白斑一般認為是用來吸引昆蟲。

　　瓶子草的葉片本身特化成袋子，袋子內側的表皮細胞有厚厚的角質層覆蓋，因此相當滑溜。

瓶內已消化的昆蟲

　　瓶內長有朝下倒生的細毛，昆蟲一旦掉進去就無法逃脫，越是掙扎就越會滑向底部。

　　目前已知袋裡有蛋白分解酶，可消化小動物以獲得貧瘠之地缺乏的氮，也有分泌蛋白去磷酸酶以獲得磷酸。此外似乎也仰賴細菌進行消化。

　　近來在春夏期間都能在居家雜貨店或園藝店買到瓶子草，但幾乎都是親本不明的雜交種，原種或者明確知道親本為何的交配種可在同好會舉辦的特賣會或定期聚會中買到，或者透過網購或拍賣取得。

　　另外，雖然也可以自行進口，不過，無論是原種還是交配種，瓶子草屬的植物都受到《華盛頓公約》的管制。

　　山地瓶子草（*S. oreophila*）、阿拉巴馬州瓶子草（*S. rubra* ssp. *alabamensis*）以及瓊斯瓶子草（*S. rubra* ssp. *jonesii*）被列入附錄I，其他品種則被列入附錄II，進口時需要出口業者發行華盛頓公約出口許可證（CITES Export Permit），並附上植物檢疫證明書（Phytosanitary Certificate）。

S. purpurea ssp. *venosa* var. antho-free f. *variegata*「錦」。二〇〇九年由日本蝕友選出的優良品種

原種與變種

翼狀瓶子草 (*S. alata*)

　　廣泛分布於美國德州到阿拉巴馬州一帶。管狀葉片有40～60公分，屬於大型品種。瓶身的顏色、脈紋以及細毛濃密程度有*atrorubra*、*cuprea*、*nigropurpurea*、*ornata*、*rubrioperculata*以及*viridescens*等多種變化。此外也有人種植重瓣品種。

翼狀瓶子草的花朵

重瓣品種

鸚鵡瓶子草 (*S. psittacina*)

　　廣泛分布於喬治亞州、佛羅里達州、阿拉巴馬州、路易斯安那州、密西西比州以及南卡羅萊納州的溼地。瓶子草當中葉片呈蓮座狀排列的小型品種。葉片從中心處往外開展10公分左右，葉片前緣帶有圓圓的兜帽。直徑大約有15～20公分，又可分成產於奧克弗諾基的大型變種，以及不合成花青素的綠化變種。

　　不需使用大花盆，只要用3號盆大小的盆器，並且以水苔種植，即可成長茁壯。鸚鵡瓶子草生長於美國南部，所以冬季要有防護措施，以免凍死。

鸚鵡瓶子草奧克弗諾基變種
(*S. psittacina* var. *okefenokeensis*)

鸚鵡瓶子草綠化變種
(*S. psittacina* var. *psittacina* f. *viridescens*)

黃瓶子草 (*S. flava*)

廣泛分布於美國維吉尼亞州、北卡羅萊納州、南卡羅萊納州、阿拉巴馬州、佛羅里達州以及喬治亞州。瓶身的顏色與形狀變化多端，是瓶子草當中最受歡迎的品種。

黃瓶子草的花朵

黃瓶子草原變種
(*S. flava* var. *flava*)

喉部略帶紅色，瓶身有淺淺的脈紋。此為基本種，另外還有許多不同的變種。北卡羅萊納州的原生地不但有基本種，還有下面介紹的許多變種參雜其中，同在一處生長。

黃瓶子草拉吉爾變種
(*S. flava* var. *rugelii*)

廣泛分布於喬治亞州、佛羅里達州以及南卡羅萊納州。喉部為深紅色。其特徵是幾乎沒有葉脈。植株健壯，很好照顧。

黃瓶子草銅帽變種
(*S. flava* var. *cuprea*)

廣泛分布於喬治亞州、阿拉巴馬州以及南卡羅萊納州。瓶蓋為深紅色的品系，以前被稱為「Cooper Top」（銅帽）。

黃瓶子草華麗變種
(*S. flava* var. *ornata*)

分布於佛羅里達州、北卡羅萊納州以及南卡羅萊納州。葉片整體都有紅色脈紋的品系。

黃瓶子草大型變種
(*S. flava* var. *maxima*)

分布於佛羅里達州、北卡羅萊納州以及南卡羅萊納州。葉片整體為黃綠色、完全沒有紅色葉脈的品系。

黃瓶子草紅管變種
(*S. flava* var. *rubricorpora*)

分布於佛羅里達州西北部沿岸的罕見變種。瓶身外紅內黃，瓶蓋為黃底帶有紅色脈紋，相當受人喜愛。

黃瓶子草暗紫色變種
(*S. flava* var. *atropurpurea*)

分布於佛羅里達州、北卡羅萊納州以及南卡羅萊納州。瓶身內側的顏色介於淡黃褐色與紅色之間，瓶身外側與瓶蓋則是紅色。瓶身在移植栽種的那一年並不呈現紅色，隔年才會長出紅色的瓶子。

山地瓶子草
(*S. oreophila*)

瓶子草當中被列入《華盛頓公約》附錄I的罕見品種。少量分布於阿拉巴馬州、喬治亞州以及北卡羅萊納州的山區。以前被歸入黃瓶子草中，如今則被認為是獨立物種。瓶身約有30～60公分。

白網紋瓶子草 (*S. leucophylla*)

生長於美國喬治亞州、阿拉巴馬州、佛羅里達州以及密西西比州。以往幾乎看不到純系的白網紋瓶子草，不過近來從國外進口了不同品系、不同產地的的白網紋瓶子草，許多蝕友都有栽培。

變種有葉片變成白色的*alba*，以及不合成花青素的*viridescens*等。

Santa Rosa

alba

viridescens

Ruby Joice

重瓣

Tarnok

紫瓶子草 （*S. purpurea*）

美國東海岸沿岸到加拿大是紫瓶子草分布最廣泛的區域。葉片長度在30公分以下的小型品種，又分成北方亞種與南方亞種。

紫色紫瓶子草
（*S. purpurea* ssp. *purpurea*）
分布於加拿大到美國北部一帶，屬於北方亞種。

網紋紫瓶子草
（*S. purpurea* ssp. *venosa*）
分布於紐澤西州以南，屬於南方亞種。

網紋紫瓶子草伯克變種
（*S. purpurea* ssp. *venosa* var. *burkii*）
生長於墨西哥灣沿岸平地的變種。具備粉紅色花瓣，以及帶有綠色的白色花柱板。

紫色紫瓶子草異葉變型
（*S. purpurea* ssp. *purpurea* f. *heterophylla*）
不合成花青素的品系，屬於北方亞種。

網紋紫瓶子草綠化變種
（*S. purpurea* ssp. *venosa* f. *pallidiflora*）
不合成花青素的品系，屬於南方亞種。

網紋紫瓶子草伯克變種草黃色變型
（*S. purpurea* ssp. *venosa* var. *burkii* f. *luteola*）
僅生長於墨西哥灣沿岸的平地。不合成花青素的變種。

網紋紫瓶子草山地變種
（*S. purpurea* ssp. *venosa* var. *montana*）
僅生長於北卡羅萊納州、南卡羅來納州及喬治亞州的山區，瀕臨絕種的罕見變種。

紅瓶子草 (*S. rubra*)

廣泛分布於北卡羅萊納州、南卡羅萊納州、佛羅里達州、密西西比州、喬治亞州
以及阿拉巴馬州。可分成 *wherryi*、*alabamensis*、*jonesii*、*gulfensis* 等品系，其中
alabamensis 與 *jonesii* 被列入《華盛頓公約》的附錄 I 當中。

紅色紅瓶子草
(*S. rubra* ssp. *rubra*)

紅瓶子草的基本種。廣泛生長於北卡羅萊納州、南卡羅萊納州，以及喬治亞州。葉片雖然挺拔，卻是 15～20 公分的小型品種，葉片數量繁多為其特徵。要是有葉片繁多但親本不明的雜交種，很有可能是以紅瓶子草為親本。

海灣紅瓶子草
(*S. rubra* ssp. *gulfensis*)

分布於佛羅里達州到喬治亞州一帶。挺拔的葉片可成長至 30 公分以上。葉片上有許多紅色脈紋，葉片整體為紅棕色，不過也有並不合成花青素的個體。
這是亞種當中最容易栽種的品種，常會長出側芽，最好每年移盆使其繁殖。

阿拉巴馬州瓶子草
(*S. rubra* ssp. *alabamensis*)

僅生長於阿拉巴馬州內的幾個地方。數量稀少，但容易栽培，植株健壯且容易繁殖。瓶身比其他亞種來得寬，也有人認為這個品種應該是獨立物種。

瓊斯瓶子草
(*S. rubra* ssp. *jonesii*)

生長於北卡羅萊納州與南卡羅萊納州的一小塊區域。栽培不易且少有繁殖。

惠里瓶子草
(*S. rubra* ssp. *wherryi*)

廣泛分布於阿拉巴馬州、佛羅里達州，以及密西西比州。
基因檢測結果顯示未必是近緣種。

小瓶子草綠化變種
(*S. minor* var. *minor* f. *viridescens*)

小瓶子草小型變種
(*S. minor* var. *minor*)

小瓶子草與奧克弗諾基變種
(*S. minor* var. *minor* f. *okefenokeensis*)

----- 小瓶子草 -----
(*S. minor*)

分布於北卡羅萊納州、南卡羅萊納州、喬治亞州，以及佛羅里達州一帶的小型品種。上緣就像戴著兜帽似地形成瓶蓋。15～20公分高的管狀葉片雖小，但奧克弗諾基沼澤的原生種卻是1公尺以上的大型品種，種在園子裡看起來很氣派。另外，也有人種植不合成花青素的品種。小瓶子草生長於美國南部，所以以冬季要有防護措施以免凍死。

交配種

卡特思瓶子草 (*S.* x *catesbaei*)
紫瓶子草與黃瓶子草的交配種。

福爾摩莎瓶子草 (*S.* x *formosa*)
小瓶子草與鸚鵡瓶子草的交配種。

庫氏瓶子草 (*S.* x *courtii*)
紫瓶子草與鸚鵡瓶子草的交配種。

思維那瓶子草 (*S.* x *swaniana*)
紫瓶子草與小瓶子草的交配種。

優秀瓶子草 (*S.* x *excellens*)
小瓶子草與白網紋瓶子草的交配種。

摩爾瓶子草 (*S.* x *moorei*)
黃瓶子草與白網紋瓶子草的交配種。

豔姿 (*S.* Adesugata)

從{(*purpurea* x *leucophylla*) x (*purpurea* x *mirror*) } x *leucophylla* 選出的優良植株。

京鹿子 (*S.* Kyokanoko)

leucophylla 與 *mirror* 品系的交配種雜交後選出的優良品種。

江戶自慢 (*S.* Edojiman)

從{(*purpurea* x *leucophylla*) x (*purpurea* x *mirror*) } x *leucophylla* 選出的優良植株。

紅衣 (*S.* Benigoromo)

從 *purpurea* 品系的交配種中所選出的優良植株。

紅 (*S.* Kurenai)

從{(*purpurea* x *leucophylla*) x (*purpurea* x *mirror*) } x *leucophylla* 選出的優良植株。

三原 (*S.* Mihara)

leucophylla x Adesugata 再跟 Adesugata 雜交後選出的優良植株。

京扇 (*S.* Kyoogi)

由京都當地的蝕友選出的優良植株。親本不明。

大紫 (*S.* Daishi)

從 *excellens* 與 *leucophylla* 的交配種選出的優良植株。

立浪 (*S.* Tatsunami)

(*purpurea* x *leucophylla*) x (*purpurea* x *minor*) x *psittacina*

紅譽 (*S.* Benihomare)

從伊勢花菖蒲園的 *flava* 品系交配種選出的優良植株。

雲龍 (*S.* Unryu)

從 Adesugata 與 x *formosa* 的交配種選出的優良植株。日本園藝家於二〇〇〇年培育出的品種。

京大錦 (*S.* Kyodainishiki)

誕生於京都大學的古曾部溫室，為 *leucophylla* 品系的交配種。詳細資訊不明。

白波 (*S.* Shiranami)

從{(*purpurea* x *leucophylla*) x (*purpurea* x *mirror*)} x *leucophylla* 選出的優良植株。

白雲 (*S.* Shirakumo)

(*purprea heterophilla* x *leucophylla heterophilla*) x *psittacina heterophilla* 日本園藝家於二〇〇六年培育出的品種。

紅兜 (*S.* Benikabuto)

黃瓶子草與鸚鵡瓶子草的交配種再跟 *purpurea* ssp. *venosa* var. *burkii* 雜交後選出的優良品種。日本園藝家於一九九八年培育出的品種。

一正 (*S.* Issei)

psittacina x Adesugata 八丈島的一正園培育出的品種。

夜櫻 (*S.* Yozakura)

八丈島的一正園販售的品種。親本等詳細資訊不明。

_S._ Umlauftiana

x *courtii* x *wrigleyana*

（1）日照

照顧瓶子草的第一要務，是把盆栽擺在陽光直射之處。食蟲植物的形象讓很多人都誤以為它們是熱帶植物，所以會擺在室內。就連在賣食蟲植物的居家雜貨店，也可見到他們將食蟲植物擺在冷颼颼的冷氣房內。無論是陽台也好，庭院也好，至少要把植物擺在有半天以上日照的地方。不可擺在房間裡或陰暗處。另外，就算會淋到雨也沒關係。

瓶子草是原生在北美地區的平地——也就是跟日本的野生植物一樣生長在四季分明的地方，因此冬季不需要保暖，不過一整天都要有充足的日照。

（2）給水

可用腰水法給水，也就是在水盤或保麗龍盒等容器裡盛水，然後把盆栽放進去。水深1～2公分就夠了。就算是4號盆以上的大花盆，腰水也不需要很深。瓶子草的根部在食蟲植物裡算是比較發達的，所以根部比較耐旱，不過仍然需將盆栽浸在水中，以免乾燥。水盤裡的水沒了就加水，用自來水就行了。

（3）溫度

瓶子草生長於加拿大至美國東海岸的溼地，那一帶跟日本一樣四季分明。換句話說，瓶子草在冬季會長出冬芽進行休眠以度過寒冬，到了秋季，葉片就會開始枯萎，也不再長出新葉。這樣的狀態並非已經枯死，照樣放在日照充足的地方並且持續給水就可以了。就算是幾乎要結凍的寒冷天氣，甚至是冰天雪地也沒問題。

到了三月下旬天氣變暖，就會長出新葉。順帶一提，雖說就算結凍也沒什麼問題，但是相較之下生長於南方的紫瓶子草、鸚鵡瓶子草以及小瓶子草，在天寒地凍的地方最好要有保暖措施。

（4）換盆、培養土、盆器

粗壯的根部朝下直直伸展，所以要盡可能選擇縱長型的盆器，至少要有10公分深。盆器的材質無須過分講究，可以用軟盆，也可以用瓷釉盆、塑膠盆，什麼都好。

以水苔作為培養土完全沒問題，只是水苔近來也不便宜，而且幾年就得換盆一次，要是盆栽數量很多的話，考量到經濟面以及換盆時的麻煩，就應該選擇其他可長久使用且不易腐爛的培養土。

使用鹿沼土、輕石、桐生砂與泥炭土等適當調配而成的培養土不但省錢，而且三年都不用換盆。另外，也可以加入適量的椰纖土。椰纖土是絞碎的椰殼纖維，使用五年都不換盆也不會腐爛，而且排水性極佳。雖然保水性較差，但只要適當地混入珍珠石、鹿沼土以及剪碎的水苔就可以彌補。

在盆底放入大顆的輕石、日向土等，上面再鋪設前面提過的特別調配的培養土。一手拿著植株，將幼苗固定在盆器中央並填入培養土，根部很快就會被蓋住，完成定植。拿著細長的棒子插入盆內調整培養土，以確保根部附近有足夠的土壤並且分布均勻。接著將盆栽浸入盛了水的水桶裡，以排除盆裡的空氣，並讓培養土充分吸收水分。椰纖土吸飽水分所需的時間長得令人意外，所以常會發現表面雖然溼了，裡面卻是乾的，這一點要多加注意。

另外，瓶子草的生長方式是橫向生長，所以原本種在正中央的植株，過了一兩年會移到邊緣。雖然會變得不好看，但是在生長上並沒有問題。不過，要是生長點碰到盆器邊緣，就會影響到生長，此時就得換盆。只要從盆器裡取出植株，將生長點置於正中央，用同樣的培養土重新栽種就行了。要是培養土並未腐敗，可以用原本的培養土就好。另外，開花過後的鱗莖若是過長，最好用雙手在容易扳斷的地方扳斷。盛夏以外的任何季節都能換盆，不過最好是選在一月至三月的休眠期。

從盆器裡取出植株

分成三株

（5）繁殖方式（分株、實生、扦插）

①分株

分株是最簡單的繁殖方式。要是在換盆時看到生長點分開了，就用雙手把它扳開。不需用力就能輕鬆扳開的時候，就是分株的好時機，沒有必要勉強扳開。另外，就算扳開的地方沒有根，只要用水苔包覆基部就會長根。

②實生

早春時節開花，夏季到秋季結出許多種子就能採收並且播種。雖然有些品種很快就會發芽，不過一般都是在隔年春天發芽。長出三片本葉之後，就可以移植到2號盆大小的盆器裡。隔年更加成長苗壯就能移到3號盆裡。再過一年，也就是發芽後的第三年即可成長至母株大小。勤於換盆是很重要的一件事。

實生繁殖頭一年

另外，也可以不播種，而是把採收後的種子放在涼爽陰暗處保存，然後在隔年二月播種。種在戶外一兩個月就會發芽，發芽後的照顧管理方式如同前述。

除此之外，也可以採用冬化法。在小瓶的寶特瓶裡倒入用水稀釋過的洗衣精，接著倒入採收後的種子，放進冷凍庫裡使其結凍。結凍後取出，放在冷藏庫裡解凍。重複以上步驟三四次後，種子就會沉入水中。確定種子會沉入水中之後，只要在春天播種，就會迅速發芽。

＊此為「溼冷層積」（stratification）使種子休眠的方法。此處無列出洗衣精之比例，保險起見也可不添加。

③扦插

瓶子草的莖匍匐於地面橫向生長。只要摘下長約5公分的莖，以培養土栽種，就會有兩三處發芽。摘取莖條時，用雙手扳斷就行了，無須使用剪刀。可在進行第①項的分株時，順便進行扦插。只是在分株或換盆時將長長了的莖條（開花過後的鱗莖）扳斷而已，很多人怕麻煩，都會直接丟棄，不過要是有空間種的話，我建議務必試試看。

（6）病蟲害

初春時分常會有蚜蟲聚集於新芽處，所以得勤於動手移除。應付不了的時候，可以噴灑毆殺松等殺蟲劑。

另外要注意病毒感染。要是葉片不自然地扭曲或出現褪色般的斑點，就可能是被感染。病毒有可能透過剪刀等工具、也有可能光是碰到葉片就會感染，所以得將病株隔離或丟棄。除此之外，葉子上面要是有葉蟎、薊馬，就會扭曲變形，必須盡快噴灑藥劑。

用手將開花過後的鱗莖扳斷

上半截不用埋入土中

▊一年四季的照顧管理

	春	夏	秋	冬
放置地點	戶外	戶外	戶外	戶外
日照	陽光直射	陽光直射	陽光直射	陽光直射
給水	腰水	腰水	腰水	腰水

豬籠草屬
Nepenthes

馬來西亞雲頂高原有種類繁多的豬籠草

豬籠草可說是最具代表性的食蟲植物，想必大家都知道吧！

豬籠草屬的植物主要分布於馬來西亞、印尼、菲律賓、泰國、緬甸、寮國、新幾內亞等東南亞國家，以及中國、新喀里多尼亞、澳洲約克角半島、斯里蘭卡、塞席爾、馬達加斯加等熱帶地區，種類繁多，目前已知的品種多達174種，而且還陸續發現新種。

豬籠草的葉片前端特化成袋狀（這個部位稱為捕蟲囊），將昆蟲引誘至此處並進行消化吸收。當然豬籠草也會行光合作用，只是豬籠草的生長環境幾乎都是溼地、荒野或岩石地形，無法獲得足夠的養分，所以才會靠吃蟲來補充不足的營養。捕蟲囊的顏色與形狀變化多端，因種類而異，令人感覺到演化的不可思議。

目前已知食蟲植物的所有品種都跟大陸漂移無關。豬籠草的種子兩端如同絲線般細長，可隨風散播至遠方。因此，不僅有許多種類分布於東南亞諸島，就連塞席爾群島與馬達加斯加也能見到其蹤跡。

豬籠草的人工授粉從以前就很盛行，除了國外的Mastersiana、戴瑞安娜（Dyeriana）、Henriyana、考克（Coccinea）、Wrigleyana之外，日本也培育出「乙訓」、「桃笠」、「八丈」、「深草」、「Facil Koto」、「Dreamy Koto」等許多優良交配品種。

豬籠草的捕蟲袋是葉片中央的葉脈延伸而成，袋子開口處附近與蓋子內側有許多蜜腺，可吸引昆蟲靠近。相當於領口部分的袋子表面有微米大小的凹凸構造，這個構造的表面既有水分也有分泌液，停留在這個表面上的昆蟲

兩眼豬籠草（*N. reinwardtiana*）
婆羅洲老越林道

會因為凹凸構造上具備流動性的水分與分泌液而滑落其中。捕蟲袋的內壁就像凹凸不平的磁磚牆面，而且有分泌蠟質，很容易打滑，所以昆蟲就算想爬也爬不上去，最後的下場是跌進袋裡的積水（消化液）中而溺斃。

棘口奇異豬籠草（*N. mirabilis* var. *echinostoma*）於婆羅洲美里

袋裡的消化液總是維持一定的量，就算雨水灌滿也會被吸收，很快就會恢復為原來的量。相反地，要是把袋裡的消化液倒掉，豬籠草也會把根部吸上來的水分送到袋子裡並積存於袋中，可說是相當聰明的機制。掉進捕蟲袋裡的昆蟲，其外骨骼的空隙會被幾丁質酶等酵素分解，消化液滲入體內，在短時間內就會死亡。

捕蟲袋內積存水分的那一帶的內壁有許多腺體，這些腺體能夠分泌並且吸收消化液。

只有尚未老化的捕蟲袋會分泌消化液。捕蟲袋的蓋子打開之後，袋裡的水不過數日就會變成強酸，並且會分泌可分解蛋白質的蛋白分解酶、解脂酶、澱粉酶、核酸酶以及幾丁質酶，以獲得貧瘠之地缺乏的氮、磷酸以及其他養分。

老化的捕蟲袋則幾乎全然仰賴袋液裡的細菌進行消化分解，透過與細菌共生來分解產物以補充營養。

維奇豬籠草（*N. veitchii*）於婆羅洲巴里奧

近來在春夏期間都能在居家雜貨店或園藝店買到豬籠草，但幾乎都是交配種，沒有原種。不過，這些豬籠草都很好照顧，所以新手不妨從豬籠草著手。

原種可在同好會舉辦的特賣會或定期聚會中買到，或者透過網購或拍賣取得。

另外，雖然也可以自行進口，不過，無論是原種還是交配種，豬籠草屬的植物都受到《華盛頓公約》的管制。馬來王豬籠草（*N. rajah*）、印度豬籠草（*N. khasiana*）被列入附錄I，其他品種則被列入附錄II，進口時需要出口業者發行華盛頓公約出口許可證，並附上植物檢疫證明書。

伯威爾豬籠草（*N. pervillei*）原生地為塞席爾

維耶亞豬籠草（*N. viellardii*）

葫蘆豬籠草（*N. ventricosa*）的變種

高溫多溼類群

這個類群生長於低地溼地或多雨的熱帶雨林中的廣闊草原或山坡上，
一年四季雨量充沛，土壤總是處於潮溼狀態。
性喜高溫而不耐低溫，溫度至少要維持在15度以上。最好是一整年都放在室內，並利用棚架、溫室等來照顧管理。

蘋果豬籠草
(*N. ampullaria*)

廣泛分布於婆羅洲島、蘇門答臘島、
馬來半島及新幾內亞。高爾夫球般的
大小，再加上捕蟲袋的顏色有紅、綠
等多種變化，是相當受歡迎的品種。

萊佛士豬籠草
(*N. rafflesiana*)

廣泛分布於婆羅洲島、蘇門答臘島，
以及馬來半島。大小約為30公分，
捕蟲袋的顏色有棕、紅、白等多種變
化，蓋子的形狀也變化多端。

奇異豬籠草
(*N. mirabilis*)

廣泛分布於婆羅洲島、蘇門答臘島、
馬來半島、澳洲北部、中國南方以及
菲律賓等地。

小豬籠草
(*N. gracilis*)

廣泛分布於婆羅洲島、蘇門答臘島，
以及馬來半島。大小約為10公分，
大一點的也有15～20公分。

白環豬籠草
(*N. albomarginata*)

廣泛分布於婆羅洲島、蘇門答臘島以
及馬來半島。生長於海拔0至1,200
公尺的廣闊範圍內。

剛毛豬籠草
(*N. hirsuta*)

婆羅洲島特有種，生長於陰涼處。石
隆門地區的剛毛豬籠草的捕蟲袋略帶
紅色。

諾斯豬籠草
(*N. northiana*)

婆羅洲島石隆門特有的品種，生長於
終日霧氣繚繞之處。

二齒豬籠草
(*N. bicalcarata*)

婆羅洲島特有種，是相當受歡迎的品
種。長於泥炭質溼地、林中陰涼處。

蘇門答臘豬籠草
(*N. sumatrana*)

蘇門答臘島特有種，大多生長於沿岸
平地。

風鈴豬籠草
(*N. campanulata*)

婆羅洲島的特有種，生長於懸崖峭壁上。

美林豬籠草
(*N. merrilliana*)

菲律賓民答那峨島特有種。可成長至40公分左右的大型品種。

印度豬籠草
(*N. khasiana*)

印度阿薩姆邦特有種。雖是被列入《華盛頓公約》附錄I的瀕危物種，卻很容易栽培。

馬達加斯加豬籠草
(*N. madagascariensis*)

馬達加斯加島特有種。不遮光而直接照射陽光的話，就長得很好。

堅韌豬籠草
(*N. tenax*)

生長於澳洲北部的特有種。奇異豬籠草的近緣種。潮溼的土地上滿滿一片的景象相當壯觀。

羅威那豬籠草
(*N. rowanae*)

生長於澳洲北部的特有種。奇異豬籠草與堅韌豬籠草的近緣種。成群繁生於潮溼的土地上。

球狀奇異豬籠草
(*N. mirabilis* var. *globosa*)

泰國特有種。一開始被命名為維京豬籠草（sp Viking），後來才確認是奇異豬籠草的變種。然而目前仍有人使用維京豬籠草這個名稱。

高棉豬籠草
(*N. thorelii*)

分布於越南境內。根系比其他豬籠草來得發達，可度過乾季。

維耶亞豬籠草
(*N. vieillardii*)

新喀里多尼亞特有種。不知是否是因為土壤的緣故，捕蟲袋的顏色有好幾種變化。

低溫乾燥類群

這個類群的豬籠草主要生長在海拔800至1,500公尺左右的山區。
耐低溫，也能適應乾燥的空氣。

翼狀豬籠草
(N. alata)

廣泛分布於菲律賓境內所有地方。翼狀豬籠草*視為 alata 品系的原種。
＊日文名稱為「葫蘆豬籠草」。

寶特瓶豬籠草
(N. truncata)

分布於菲律賓民答那峨島、雷伊泰島以及迪納加特群島的大型品種。

葫蘆豬籠草
(N. ventricosa)

分布於菲律賓呂宋島等地海拔1,000至2,000公尺的山區。日本從二次大戰前就有人栽培。

布凱豬籠草
(N. burkei)

生長於菲律賓民都洛島海拔1,100至2,000公尺處。

盾葉毛豬籠草
(N. peltata)

生長於菲律賓民答那峨島海拔800至1,635公尺的山頂。

辛布亞島豬籠草
(N. sibuyanensis)

菲律賓辛布亞島特有種。

維奇豬籠草
(N. veitchii)

分布於婆羅洲島海拔800公尺以上的山區。可分成匍匐於地面生長的類型，以及攀附在樹上的類型。

圓盾豬籠草
(N. clipeata)

加里曼丹（婆羅洲島的印尼屬地）特有種。日本的雌株在二〇一六年首次與國外的雄株（花粉）成功授粉。

兩眼豬籠草
(N. reinwardtiana)

廣泛分布於婆羅洲島、蘇門答臘島以及馬來半島等地海拔0至2,000公尺處。

血紅豬籠草
（*N. sanguinea*）
生長於馬來半島海拔300至1,800
公尺的霧林帶。

麥克法蘭豬籠草
（*N. macfarlanei*）
生長於馬來半島海拔900至2,150
公尺以上的霧林帶。

岔刺豬籠草
（*N. ramispina*）
生長於馬來半島海拔900至2,000
公尺以上的霧林帶。

窄葉豬籠草
（*N. stenophylla*）
廣泛分布於婆羅洲島海拔900至
2,600公尺的霧林帶。

暗色豬籠草
（*N. fusca*）
廣泛分布於婆羅洲島海拔600至
2,500公尺的霧林帶。近來由於區
域差異等原因而被歸入扎克里豬籠草
（*N. zakriana*）與 *N. dactylifera* 當中。

大豬籠草
（*N. maxima*）
廣泛分布於蘇拉威西島與新幾內亞
島。日本國內從以前就有人栽培。

顯目豬籠草
（*N. spectabilis*）
分布於蘇門答臘島海拔1,400至
2,200公尺的山區。

東巴豬籠草
（*N. tobaica*）
廣泛分布於蘇門答臘島海拔400至
2,000公尺處，尤其在多巴湖附近
的道路兩旁有許多東巴豬籠草。

長葉豬籠草
（*N. longifolia*）
廣泛分布於蘇門答臘島海拔300至
1,100公尺處。

佛氏豬籠草
(*N. vogelii*)
分布於婆羅洲島海拔900至1,400
公尺的山區。

法薩豬籠草
(*N. faizaliana*)
分布於婆羅洲島海拔400至1,500
公尺的山區。

真穗豬籠草
(*N. eustachya*)
廣泛分布於蘇門答臘島海拔0至
1,600公尺處。

寬唇豬籠草
(*N. platychila*)
生長於婆羅洲島砂拉越州霍斯山脈海
拔900至1,400公尺的山區。下位
瓶與大豬籠草極為相似，上位瓶的形
狀極具特色，如同照片所示。

伯威爾豬籠草
(*N. pervillei*)
塞席爾的馬埃島、錫盧埃特島海拔
350至750公尺的山區特有的品種。

羅伯坎特利豬籠草
(*N. robcantleyi*)
以前被命名為 *N. truncata* Black，如
今則被認為是獨立物種。民答那峨島
特有種。

硬葉豬籠草
(*N. rigidifolia*)
分布於蘇門答臘島海拔1,000至
1,600公尺的山區。

陳氏豬籠草
(*N. chaniana*)
婆羅洲島特有種，生長於1,100至
1,800公尺的山區。

瘦小豬籠草
(*N. gracillima*)
生長於馬來半島東部地區海拔
1,400至2,000公尺的高山帶。

冷涼多溼類群

這個類群主要生長在海拔1,500公尺以上的高山，所以不耐夏季高溫，必須要有降溫設備。

馬來王豬籠草
(N. rajah)
生長於婆羅洲島京那巴魯山系海拔1,500至2,500公尺處。

豹斑豬籠草
(N. burbidgeae)
生長於婆羅洲島京那巴魯山系海拔1,100至2,300公尺處。

愛德華豬籠草
(N. edwardsiana)
生長於婆羅洲島京那巴魯山系海拔1,500至2,700公尺處。

長毛豬籠草
(N. villosa)
生長於婆羅洲島京那巴魯山系海拔1,600至3,240公尺處。

大葉豬籠草
(N. macrophylla)
生長於婆羅洲島土魯斯瑪迪山海拔2,200至2,642公尺處。

毛蓋豬籠草
(N. tentaculata)
生長於婆羅洲島與蘇拉威西島海拔700至2,500公尺處。

勞氏豬籠草
(N. lowii)
其生長於婆羅洲島海拔1,650至2,600公尺的山區。捕蟲袋的形狀會因為所在位置不同而出現些許差異。

馬桶豬籠草
(N. jamban)
生長於蘇門答臘島海拔1,800至2,000公尺處。種加詞「jamban」以當地話來說是「廁所」的意思。二〇〇五年發現，二〇〇六年被登錄為新種。

賈桂琳豬籠草
(N. jacquelineae)
其生長於蘇門答臘島海拔1,700至2,200公尺處。賈桂琳豬籠草在二〇〇一年被登錄為新種。

邦蘇豬籠草
(*N. bongso*)
生長於蘇門答臘島海拔1,000至
2,700公尺的山區。

塔藍山豬籠草
(*N. talangensis*)
生長於蘇門答臘島塔藍山海拔
1,800至2,500公尺的山區。

鉤唇豬籠草
(*N. hamata*)
生長於蘇拉威西島海拔1,400至
2,500公尺的山區。

卵形豬籠草
(*N. ovata*)
生長於北蘇門答臘省海拔1,700至
2,100公尺的霧林帶。

無毛豬籠草
(*N. glabrata*)
其生長於蘇拉威西島海拔1,600至
2,100公尺的山區。

柔毛豬籠草 (*N. mollis*)
生長於婆羅洲島海拔1,500至2,400
公尺以上的霧林帶。原本被歸入胡瑞
爾豬籠草(*N. hurrelliana*)中,近期
才正名。

姆魯山豬籠草
(*N. muluensis*)
生長於婆羅洲島姆魯山、毛律山等地
海拔1,700至2,400公尺的山區。

毛律山豬籠草
(*N. murudensis*)
婆羅洲島毛律山特有的品種,生長於
海拔2,000至2,400公尺的山區。

波葉豬籠草
(*N. undulatifolia*)
生長於蘇拉威西島海拔1,800公尺
的山區。二〇一一年方才剛被登錄為
新種。

泉氏豬籠草
(*N. izumiae*)
生長於蘇門答臘島海拔 1,700 至
1,900 公尺的山區。欣佳浪山豬籠
草與小舌豬籠草的近緣種，近幾年成
為獨立物種。

小舌豬籠草
(*N. lingulata*)
其生長於蘇門答臘島海拔 1,700 至
2,100 公尺的山區。

匙葉豬籠草
(*N. spathulata*)
生長於蘇門答臘島海拔 1,100 至
2,900 公尺的山區。

欣佳浪山豬籠草
(*N. singalana*)
生長於蘇門答臘島海拔 2,000 至
2,900 公尺的山區。

馬兜鈴豬籠草
(*N. aristolochioides*)
蘇門答臘島土朱山特有的品種，生長
於海拔 1,800 至 2,500 公尺處。

無刺豬籠草
(*N. inermis*)
生長於蘇門答臘島海拔 1,500 至
2,600 公尺的山區。

鞍型豬籠草
(*N. ephippiata*)
生長於婆羅洲島海拔 1,000 至
1,900 公尺的山區。

菱莖豬籠草
(*N. rhombicaulis*)
生長於蘇門答臘島海拔 1,700 至
1,900 公尺的山區。成群繁生於陰
涼處，被枯葉所掩蓋。

密花豬籠草
(*N. densiflora*)
生長於蘇門答臘島北部的亞齊特區海
拔 1,700 至 3,200 公尺的山區。

毛果豬籠草
(*N. x trichocarpa*)

小豬籠草以及蘋果豬籠草的自然雜
交種。

虎克豬籠草
(*N. x hookeriana*)

萊佛士豬籠草與蘋果豬籠草的自然
雜交種。

古晉豬籠草
(*N. x kuchingensis*)

奇異豬籠草與蘋果豬籠草的自然雜交
種。四十年前由菲律賓業者進口至日
本的個體。就算老化，脈紋也不會消
失的品系。

坎特利豬籠草
(*N. x cantleyi*)

二齒豬籠草以及小豬籠草的自然雜
交種。

土魯斯瑪迪豬籠草
(*N. x trusmadiensis*)

大葉豬籠草與勞氏豬籠草的自然雜交
種。土魯斯瑪迪山特有種。

阿里豬籠草
(*N. x alisaputrana*)

生長於婆羅洲島京那巴魯山比葛希魯
海拔 2,000 公尺處。豹斑豬籠草與
馬來王豬籠草的自然雜交種。

京那巴魯山豬籠草
(*N. x kinabaluensis*)

分布於京那巴魯山與坦布幼崑山海拔
2,400 至 3,030 公尺的高山帶。長
毛豬籠草與馬來王豬籠草的自然雜交
種。倉田先生在一九八四年描述了其
外觀特徵。

哈里豬籠草
(*N. x harryana*)

分布於婆羅洲島京那巴魯山與坦布幼
崑山海拔 2,300 至 3,030 公尺處。
長毛豬籠草與愛德華豬籠草的自然雜
交種。

愛德華豬籠草 (*N. edwardsiana*)
與扎克里豬籠草 (*zakriana*) 的
自然雜交種

生長於京那巴魯山系的馬勞伊帕勞伊
高原。

桃笠 *(N. Momogasa)*
伯威爾豬籠草與印度豬籠草的交配
種。二○一○年由兵庫縣立花卉中心
的土居先生培育而成。

乙訓
(N. Otokuni)
葫蘆豬籠草與寶特瓶豬籠草的交配
種。由京都的山本先生培育而成。

N. Mastersiana
血紅豬籠草與印度豬籠草的交配種。

戴瑞安娜豬籠草
(N. Dyeriana)
Dicksoniana（*rafflesiana* x *veitchii*）
與混合豬籠草（*N.* Mixta）的交配種。

N. Rapa
二齒豬籠草與蘋果豬籠草的交配種。
由中川先生培育而成。

N. Wrigleyana
奇異豬籠草與虎克豬籠草的交配種。

六甲豬籠草
(N. Rokko)
高棉豬籠草與大豬籠草的交配種。

N. Mixta Oiso
混合豬籠草（*northiana* x *maxima*）
與大豬籠草的交配種。

N. Intermedia
剛毛豬籠草以及萊佛士豬籠草的交
配種。

豬籠草是廣泛分布於東南亞的熱帶與亞熱帶食蟲植物，而且就跟你我的想像一樣，生長於熱帶叢林中。分布範圍廣大也就代表種類繁多，目前已知的原種有174種。

無庸贅言，豬籠草的魅力在於它形狀特殊的捕蟲袋。光是葉片前端有個特化而成的捕蟲袋就很有趣了，袋裡積存了消化液，不但會吸引昆蟲前來，而且還是蟲子容易滑落或者滑落之後就再也爬不上去的結構。滑落袋中的昆蟲會被消化吸收，成為植物的養分。這一切都讓人深深感到，植物的進化有多麼不可思議。

豬籠草生長在橫跨熱帶與亞熱帶的廣大範圍內，因此栽培方式也會因種類而異。除了生長在溼地附近的品種以外，也有生長於乾燥土地上的品種。而且不但低地有豬籠草，海拔1,000至3,000公尺的高山帶也有豬籠草繁衍生存。因此，豬籠草的栽培方式應該分門別類來說明，不過，受限於版面沒辦法這麼做。

很多種了大量豬籠草的蝕友都會把豬籠草分成兩大類，分別種在高低溫兩種溫室裡，並依照種類來調整給水量等。不過，打理兩座溫室並不是件簡單的事。因此，本書依照原生地環境對有引進的豬籠草進行一定程度的分類，並根據原生地的狀況來解說其栽培方式。

①高溫多溼類群（不耐低溫，喜愛溼度極高之處）

這個類群生長於低地溼地、多雨的熱帶雨林中的廣闊草原或山坡上，雖有雨季與乾季之分，不過一整年的雨量都很多，土壤總是處於潮溼狀態。另外，這個類群並非生長於蒼鬱森林之中，而是廣闊的臺地或日照充足的山坡地。進行道路整建時，常可見到砍伐森林整建而成的道路兩旁山崖上有豬籠草。

白天的氣溫雖然高達30度以上，溼度卻低得令人意外。我在當地實際測量的結果，溼度只有30%左右。然而傍晚幾乎每天都下雨，雨停之後非常潮溼，甚至連眼鏡都會起霧，不舒適指數可說有100%。因此，想要栽種這個類群，就非得在溫室裡打造出終年高溫多溼的環境不可。

②低溫乾燥類群（耐低溫，也能適應乾燥的土壤）

這個類群生長在海拔800至1,500公尺的山區，但有部分例外。白天最高溫頂多只有25度左右，就

艾瑪豬籠草（*N. eymae*）生長在蘇拉威西島海拔1,500至1,800公尺處

像避暑勝地般地涼爽。尤其是生長在馬來半島山區的血紅豬籠草、麥克法蘭豬籠草以及岔刺豬籠草，我曾去原生地參訪過四次左右，那裡幾乎都沒有陽光，而且連一次也沒有遇到好天氣。原生地在清晨與黃昏時分整個都被霧氣所包圍，有時還會下雨。就連白天也是含有大量水分的空氣或霧氣吹拂的高溼度環境。

兩眼豬籠草、窄葉豬籠草以及維奇豬籠草雖然不是生長在這麼潮溼的地方，然而其原生地位於海拔1,000公尺處，日間非常涼爽，土壤乾燥的程度令人訝異。原產於蘇門答臘的真穗豬籠草、東巴豬籠草、顯目豬籠草以及長葉豬籠草也同樣生長在較為涼爽且土壤乾燥的環境中。這些品種都能承受冬季低溫，就算沒有降溫設備也大多能熬過夏季高溫，因此相當普及。換句話說，雖然有一部分是例外，但是這個類群的豬籠草比較容易照顧，適合新手栽種。有些品種除了嚴冬以外的季節都能種在戶外，有些品種就算在盛夏未使用降溫設備也安然無恙，也有些品種只要擺在室內就能度過冬天。

③冷涼多溼類群（不耐夏季高溫，必須要有降溫設備）

這個類群生長在海拔2,000公尺左右的霧林帶，著名的京那巴魯山系即是毛蓋豬籠草、豹斑豬籠草、勞氏豬籠草、馬來王豬籠草、長毛豬籠草、愛德華豬籠草以及大葉豬籠草的原生地。毛律山與姆魯山等地有姆魯山豬籠草、毛律山豬籠草、柔毛豬籠草以及鞍型豬籠草等各具特色的品種。另外，蘇門答臘島的山區有菱莖豬籠草、顯目豬籠草、塔藍山豬籠草、欣佳浪山豬籠草、邦蘇豬籠草以及馬兜鈴豬籠草，蘇拉威西島的山區則有鉤唇豬籠草、無毛豬籠草，以及波葉豬籠草。除了上述品種之外還有許多品種，但是我只介紹已引進日本且有一定程度普及的品種。

這些豬籠草都是高山植物，其原生地的最高氣溫只有20度左右，夜晚的最低氣溫有時會降至7度左右。樹木被苔蘚所覆蓋，有些豬籠草就像是跟樹木融為一體般地攀附其上；地面上有欣欣向榮的水苔，有

些豬籠草則是生長於其中。就跟類群②的生長環境一樣，白天也不見陽光，溼潤的空氣與霧氣終日繚繞，不過，這個類群大多生長於土壤水分較多之處，也就是涼爽而潮溼的地方。以日本的氣候條件來說，想要營造出冷涼多溼的栽培環境是很困難的，要不是種在高海拔的地方，就是得設置真正的低溫溫室。

不過，目前日本市面上的高山性人工交配種（*N. thorelii* x *aristolochioides*、*N. rajah* x *mira* 等）大多是雜交種，栽種時無須擔心不耐熱的問題。

說到如何降溫，最省麻煩的做法是把沃德箱或水族箱擺在一間整天都開著冷氣的房間裡照顧管理。這樣就不用另外投資設備，只是夏天整日都開著冷氣，電費會很貴。

另一個做法是使用附有降溫設備的沃德箱，這種沃德箱是為了種植高山蘭花而開發的產品。雖然價格不菲，但可將小型豬籠草收納其中。

正式的做法是在3坪以上的大型溫室裡裝設溫室專用的降溫設備，如此一來，想栽種大型的高山性豬籠草也不成問題。雖然一開始要花不少錢，但若是想讓興趣提高層次的話，請務必試試看。

日本的蝕友也有人不仰賴降溫設備來栽種高山性的食蟲植物。他們的做法是讓大型加溼器在10坪以上的大溫室裡二十四小時運轉，並且用大型工業風扇來吹散加溼器所噴出的水霧。我曾在夏日炎炎之際造訪過這樣的溫室。裡面不僅相當涼爽，而且連馬來王豬籠草等高山性豬籠草也結了好大的捕蟲袋，令人驚嘆不已。

（1）日照

基本上，豬籠草除了在盛夏必須遮光30～50％，其他季節隔著玻璃照射陽光並無問題，不需要遮光。類群①的馬達加斯加豬籠草，以及類群②的伯威爾豬籠草、大豬籠草、葫蘆豬籠草、翼狀豬籠草、寶特瓶豬籠草在嚴冬以外的季節即使吊掛於戶外也可以長得很好。另外，除了奇異豬籠草與萊佛士豬籠草的族群以外，幾乎所有的交配種都很健壯，大多可栽種於戶外。只是種在戶外難免會受到各地氣候影響，要是吊掛在戶外導致葉片曬傷或者都不結袋的話，就要擺進溫室裡。尤其是初春三月到五月左右，這個期間的日照量急速增加，葉片容易曬傷，必須多加注意。

（2）給水

一般食蟲植物原則上是用腰水法給水，然而豬籠草原則上禁用腰水，這一點我得先說明一下。雖然也有二齒豬籠草、奇異豬籠草這類在溼地生長的豬籠草，而且也是有人用腰水栽培豬籠草，但是這麼做難免會造成培養土腐敗、根部腐爛等問題，所以要從植株上方澆灌足夠的水量，而不要採用腰水。給水時間以傍晚為佳，盆栽在白天稍微有點乾是比較好的狀態。

另外還要依照季節調整給水間隔時間。盛夏等炎熱時期可以每日給水，寒冬等嚴寒時期則是兩天一次，不需要把盆栽弄得很溼。

至於②這種耐乾旱的類群，只要在盆栽乾了的時候給予足夠的水分即可。

（3）溫度

豬籠草是亞熱帶到熱帶的植物，所以冬天必須放進溫室、沃德箱或水族箱裡，並將最低溫度設定在10度以上，為植株保暖。

尤其是①高溫多溼類群，至少要把溫度設定在17度以上。氣溫降到17度以下的話，植株就會停止生長，而且會影響到春天以後的生長。大型溫室要在嚴冬時期保持在17度以上或許並不容易，我建議可以把盆栽放進水族箱或收納箱裡，並使用專門用來飼養熱帶魚的加熱器加溫。而且要把箱子擺在房間裡。這麼一來，雖然日照變得沒那麼強，卻能保持足夠的溫度與溼度，所以要是有種好幾盆類群①的豬籠草，建議可放進水族箱或收納箱裡。

另外，也有一些品種比較耐寒。就算是低溫，類群②或③的豬籠草也大多可以長得很好，尤其是寶特瓶豬籠草與大豬籠草，氣溫低到7度左右也沒問題。不過，那只是「不會枯萎」而已。想要讓豬籠草結袋，氣溫還是得要有15度。

此外也可以使用加溫設備。暖風機既安全又便宜，所以有很多人在用。只是暖風機會讓空氣變得乾燥。就算能將溫度維持在17度以上，但是溼度不足，嚴冬時期往往無法結袋。放棄讓豬籠草在寒冬時期結袋也是個妥協的辦法，不過要是想讓豬籠草結袋，我建議可以使用加溼器，或者利用溫水管型的加溫設備來加溫。

（4）換盆、培養土、盆器

如今要從國外業者手中買到豬籠草也不是什麼難事，進口幼苗寄到的時候會是黑色根部裸露的狀態，或者用少許水苔包著放在塑膠袋裡。收到這樣的幼苗之後該如何栽種，請看以下說明。

基本上只要用泡水浸溼的水苔包覆根部，接著種入盆裡就行了。步驟熟悉之後，只要20秒左右就能種好一株。

選用的盆器大小視植株大小而定。直徑10公分大小的幼苗，只要用2號軟盆就綽綽有餘，有一定大小的植株可使用4號左右的塑膠盆來種植。至於培養土方面，只用水苔來種是沒問題的，不過，要是使用在瓶子草的章節中提過的以椰纖土為主的砂質培養土也可以。豬籠草大多會用吊盆栽種，以椰纖土作為培養土可能會因為排水效果太好而缺水，不過只要混入剪碎的水苔或泥炭土等，就能改善保水性。

用水苔來種的話，幾年就得換盆一次。換盆時不需要把根部附近的水苔拿掉，只要去除旁邊的舊水苔即可。接著用新的水苔包覆後種入盆中。

無論採用何種方式，換盆後馬上就照射陽光常會讓豬籠草變得垂頭喪氣，所以換盆後三天至一週都要把豬籠草擺在半陰處照顧管理。尤其高溫多溼類群更是得慎選換盆後的擺放地點。

（5）繁殖方式（扦插、實生）

①扦插

扦插是豬籠草最常見的繁殖方式，以下為讀者講解扦插重點。

用剪刀將長長了的枝條剪成15～20公分大小。豬籠草的芽點位於葉柄基部的莖條上，因此在裁剪枝條時，必須包含葉柄基部的莖條這個部分在內。裁剪枝條時建議在水中進行。將枝條浸入裝滿水的桶子裡，在水中剪斷枝

長長了的枝條

裁剪成三段

種入盆中

條。這個方法稱為水切法。剪斷枝條後，將枝條上面半數以上的葉片切除，這樣就把插穗準備好了。

接著要準備的是盆器與鹿沼土。軟盆不穩，可使用瓷釉盆或塑膠盆。將鹿沼土填入盆中，使其吸飽水分。將插穗下方插入土中3公分左右，注意不要搞錯上下方向。將插穗穩穩地插進鹿沼土裡，然後以腰水法給水大約一週。將插穗擺在豬籠草的放置地點，並用標籤註明「品種名稱」與「扦插日期」。

一個月過後應該會發現葉柄基部已經發芽，兩個月過後則是已經長根。想要檢查有沒有長根只能將插穗拔出來，所以要在兩個月過後而且已經發芽的情況下才檢查。

確定已經長根而且根部長度約有3公分，就可以用水苔包覆根部，種到別的盆裡。這次移植後最好要暫時把盆栽擺在半陰處，並且提高環境溼度來照顧管理，直到根部牢固為止。

另外，也可以同樣用水苔包覆插穗下方，然後以魔帶（以園藝鐵絲製成的線狀綁帶）固定後插入鹿沼土中，或者不使用鹿沼土，只用水苔來種植。近來也有人採用直接將插穗插進儲水空瓶裡的方式。

任何方法皆有其優缺點，不過水插發根法對新手來說相對簡單，值得推薦。

水插發根法是利用咖啡罐等空瓶，在裝了水的瓶子裡直接放入插穗的做法。優點是可以隨時檢查發根狀況，而且發根率也很高。常有人跟我

寶特瓶水插法

說他以前用鹿沼土等介質扦插，卻怎麼也不長根，但改用水插就長根了。不過，要是選擇水插發根法，插穗長根後要種入盆中時有其注意事項。從水中取出已長根的插穗，用水苔包覆根部即可定植，只是植株原本浸在水中，如今突然變成盆栽，生長環境發生變化，因此移盆後要盡可能浸在較深的腰水中，讓盆內有較多水分。接著要用一週左右的時間逐漸減少水分，這是很重要的步驟。

無論是什麼種類的豬籠草，基本上都能用水插法讓它長根。不過，根據我的經驗，使用鹿沼土會帶來比較好的發根效果。以容易栽培的種類和交配種來說，無論用的是鹿沼土還是水插，都能讓插穗長根，但是插在鹿沼土裡的插穗會長出粗壯的根，而且移盆

後也會長得比較好。另外，一般來說很難扦插成功的品種，或者生長緩慢、栽培不易的品種，也都是用鹿沼土扦插比較會長根。

要是想繁殖蘋果豬籠草、萊佛士豬籠草、圓盾豬籠草、維奇豬籠草以及寶特瓶豬籠草等品種，請務必用鹿沼土來試試。

②實生

你知道豬籠草是雌雄異株嗎？這在食蟲植物當中應該是獨一無二吧，植株本身有雌雄之別，而且要在雌株與雄株同時開花時才能授粉。

在大型溫室裡種了許多品種的人可能會遇到雌株與雄株同時開花，但如果不是這樣，就很少有機會授粉，且新鮮種子也很不容易買到。雖然可以從國外進口，卻難以確保新鮮度，所以只能從信得過的國內同好手中取得種子。

要是能幸運取得新鮮種子，最重要的就是馬上播種。播種用土只用乾淨的鹿沼土或桐生砂就行了。播種前先讓播種用土吸飽水分，接著播下種了，以腰水法給水就完成了，無須覆土。以前的農業書籍都會寫說要在培養皿中鋪上剪碎的水苔等物，其實不需要特地這麼做。要是加以密封，或者含有許多有機物質，就會變得很容易發霉，因此種在高溼度卻不忘通風的地方是很重要的。

氣溫要在20度以上才會發芽，所以最好是選在六、七月讓種子發芽。有時也會因為取得種子的時間點而在秋冬播種，這樣的時候就必須將水族箱裡的溫度設定在20度以上。一到兩個月過後就會發芽。發芽後不妨暫時以腰水法給水，但是在長出好幾片本葉之後，最好是不要再用腰水。接下來就跟瓶子草一樣得換盆。要是看到植株長出5片左右的葉子，而且呈放射狀，那麼就算還是幼苗也得換盆。如果那樣擺著不換盆，植株很有可能會溶解消失。用鑷子等工具連同根部附近的土壤一起夾起幼苗，小心別傷到根部。在2號或3號大小的軟盆裡填入新鮮水苔後移盆。配合植株的成長勤於換盆，就能順利成長至母株大小。

（6）病蟲害

蟎類、介殼蟲以及薊馬都是很棘手的害蟲。要是捕蟲袋的蓋子在尚未成熟的狀態下就打開，或是生長點停止生長、出現褐色斑點，可以想一下會不會是害蟲造成的。可使用病蟲害防治用藥（滅大松、布芬淨、可尼丁等）加以驅除。另外，有時通風不良也會引發炭疽病或褐斑病。要是出現這些問題，只要試著改變一下環境、改善通風，也許就能獲得改善。要是不確定植株生了什麼病，可使用對好幾種疾病都有療效的觀葉植物用藥（甲基多保淨、庵原達克靈等）。長期使用一種藥劑會讓細菌產生抗藥性，因此建議時常更換藥劑。

▌一年四季的照顧管理

	春	夏	秋	冬
放置地點	戶外或溫室裡（室內曬得到太陽的地方也OK）			溫室裡
日照	陽光直射～遮光30%	陽光直射（遮光50%）	陽光直射～遮光30%	
給水	夏季每日給水，夏季以外的季節兩天給水一次			

毛氈苔屬
Drosera

毛氈苔栽培景象

　　毛氈苔靠著葉片分泌的大量黏液來捕捉昆蟲，可說是沾黏式捕蟲法最具代表性的選手。名稱裡雖然有個苔字，卻是會開花結籽的植物。

　　許多品種都集中在澳洲與南非，不過毛氈苔廣泛分布於南北美洲、歐洲、亞洲與南北極以外的世界各地。日本也有圓葉毛氈苔（*D. rotundifolia*。日文名稱：毛氈苔）、英國毛氈苔（*D. anglica*。日文名稱：長葉毛氈苔）、匙葉毛氈苔（*D. x obovata*）、小毛氈苔（*D. spatulata*）、東海小毛氈苔（*D. tokaiensis*）、石持草（*D. lunata*）、長葉毛氈苔（*Drosera makinoi*。日文名稱：白花長葉石持草）及豐明毛氈苔（*D. toyoakensis*。日文名稱：長葉石持草）等七個品種與一個交配種。

　　從生態上來說，毛氈苔有靠苞芽繁殖的迷你種、地下有塊莖的塊莖種，以及以根部休眠的塊根種等各種型態。雖然都叫作毛氈苔，但由於範圍廣

捕獲昆蟲的長葉毛氈苔（*D. makinoi*）

大，栽培方法也是各式各樣，必須用上一點技巧與工夫才行。

　　日本的原生地都是溼地或者有泉水湧出的山壁，也可以在田埂、溼地，或者有泉水湧出的南面斜坡等處仔細找找看。

　　國外有最多毛氈苔生長的地方是澳洲西南部，迷你種、塊莖種的原生地幾乎都集中於此處。

　　同樣位於南半球的南非，有很多以根部休眠的塊根種。

　　非洲、東南亞以及澳洲北部的熱帶地區則有許多不休眠的族群。

　　毛氈苔的葉片上大約有二百根腺毛，腺毛的頂端膨大，覆蓋表面的腺細胞會分泌含有消化酶等成分的黏液。黏液是水跟多醣類形成的水凝膠結構，只要有一點點就很黏。一旦有昆

大花毛氈苔（*D. macrantha*）

蟲碰到黏答答的腺毛，就會刺激腺毛開始運動。這種會動的腺毛稱為觸毛，觸毛會開始進行屈曲運動。昆蟲被黏住後越是掙扎，越會刺激觸毛將其壓制。接著花費二十四小時以上的時間，慢慢將獵物消化掉。

毛氈苔靠著黏液裡的蛋白分解酶、解脂酶、澱粉酶、核酸酶以及幾丁質酶等酵素消化昆蟲，並透過腺毛快速吸收，成為毛氈苔的養分。

消化完畢之後，閉合的觸毛完成任務就會回到原本的位置，等候下一個獵物到來。有趣的是，一旦回到原本的位置，觸毛的長度就會變長一點。換句話說，回復運動也是生長運動。

更有趣的一點是，要是拿不能吃的東西——例如鉛筆尖——去碰觸毛氈苔的觸毛，觸毛會對鉛筆芯做出反應。也就是說，觸毛會對觸覺刺激產生反應。而且，在把獵物消化掉之後，消化液也會促使觸毛產生運動。

近來在春夏期間都能在居家雜貨店或園藝店買到毛氈苔。毛氈苔都很好照顧，所以新手不妨從毛氈苔著手。

若想取得罕見品種，可在同好會舉辦的特賣會或定期聚會中買到，或者透過網購或拍賣取得。

另外，也可以自行進口。幸運的是，毛氈苔屬的植物並未受《華盛頓公約》管制，進口時不需要華盛頓公約出口許可證，只要附上植物檢疫證明書就可以了。可是自從思慮不周的蝕友讓長柄毛氈苔（*D. intermedia*。原產於南北美洲）在日本的原生地繁殖之後，長柄毛氈苔就在二〇一八年被指定為特定外來生物。一經指定為特定外來生物，就無法在日本國內栽培販售。不僅如此，從國外進口毛氈苔屬的植物時，要是沒有證明書可證明「這不是長柄毛氈苔」，就會被植物檢疫所銷燬。成田檢疫所可接受以植物檢疫證明書作為替代，至於東京、川崎等其他植物檢疫所，就算有附上植物檢疫證明書也會被銷燬，請務必多加注意。

D. bakoensis 是婆羅洲島巴哥國家公園特有種

迷你毛氈苔家族

會形成苞芽的迷你毛氈苔家族大多有著美麗的花朵！

黃花毛氈苔
(*D. citrina*)

長柱毛氈苔
(*D. closterostigma*)

白托毛氈苔
(*D. leucoblasta*)

山下毛氈苔
(*D. oreopodion*)

D. callistos × *lasiantha*

沼地毛氈苔
(*D. helodes*)

超柱毛氈苔
(*D. hyperostigma*)

曼尼毛氈苔
(*D. mannii*)

紅花美麗毛氈苔
(*D. pulchella red 52A*)

白花美麗毛氈苔
(*D. pulchella white with red center*)

沃爾毛氈苔
(*D. walyunga*)

蠍子毛氈苔
(*D. scorpioides*)

刺托毛氈苔
(*D. echinoblastus*)

奧托瑪毛氈苔
(*D. allantostigma*)

鬍鬚毛氈苔（*D. barbigera*）

D. helodes × *pulchella*

冬季休眠的類群

冬季來臨時形成冬芽、停止生長，以根部休眠的類群。
換句話說，這個類群的毛氈苔冬季無須保暖，可栽種於戶外。

圓葉毛氈苔
(*D. rotundifolia*)
日文名稱：毛氈苔

廣泛分布於北半球的平地至山區。植株在夏季結出許多種子後，有時就會變得衰弱。位於平地的原生地也有同樣的狀況。另外，日本有發現不合成花青素的個體（植株整體為綠色）。

英國毛氈苔
(*D. anglica*)
日文名稱：長葉毛氈苔

除了夏威夷、加拿大、歐洲之外，也生長於日本的尾瀨與北海道。腰水最好是深一點，但植株不耐夏季高溫，這一點要多加注意。

小毛氈苔
(*D. spatulata*)

生長於日本宮城縣以南的沿海溼地或山坡地，國外則有大洋洲、東南亞亦為其原生地。只要保留包含生長點在內的莖條前端部分，就能度過冬天。若是將溫室裡的溫度維持在7度以上，一整年都可生長。

D. tokaiensis
日文名稱：東海小毛氈苔

主要生長於日本東海地方，以前被稱為關西型小毛氈苔。此品種源自於圓葉毛氈苔與小毛氈苔的雜交種，種子繁殖力旺盛，常會發現連旁邊的盆栽裡也有生長。

長柄毛氈苔
(*D. intermedia*)

分布於歐洲、北美洲到南美洲北部。種子繁殖力旺盛。自從思慮不周的蝕友予以繁殖之後，日本各處的溼地皆可見到其蹤跡。另外，北美洲有發現不合成花青素的個體（植株整體為綠色）。

絨毛毛氈苔
(*D. capillaris*)
日文名稱：美洲小毛氈苔

原產於南北美洲，種子繁殖力旺盛。就跟小毛氈苔一樣，只要保留包含生長點在內的莖條前端部分，就能度過冬天。若是將溫室裡的溫度維持在7度以上，一整年都可生長。另外，也有發現不合成花青素的個體（植株整體為綠色）。

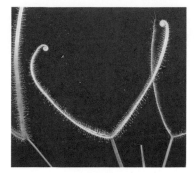

叉葉毛氈苔
(*D. binata*)
日文名稱：刺叉毛氈苔

原產於澳洲、紐西蘭。分岔的捕蟲葉一分為二。一般來說不結種子，但有部分原產於紐西蘭的叉葉毛氈苔是靠種子繁殖。地下根粗壯，可用根插繁殖。

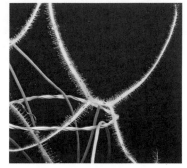

D. binata var. *dichotoma*
日文名稱：四叉毛氈苔

叉葉毛氈苔的變種。分岔的捕蟲葉一分為四，葉片厚綠。地下根部粗壯，可用根插繁殖。

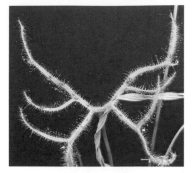

鳳尾叉葉毛氈苔
(*D. binata* var. *multifida*)
日文名稱：八叉毛氈苔

叉葉毛氈苔的變種，捕蟲葉的分岔數量多於八。花朵基本上為白色，但也有粉紅色的品系。另外，此品種的葉片朝下懸垂生長，另有一個名為Extrema的品系則是朝上挺直生長。

絲葉毛氈苔
(*D. filiformis*)
日文名稱：糸葉毛氈苔

生長於北美東海岸。花朵為粉紅色或白色，可結出許多種子。
D. filiformis var. *filiformis*為紅絲葉毛氈苔（日文名稱：赤糸葉毛氈苔），僅有腺毛為紅色。*D. filiformis* var. *tracyi*是綠絲葉毛氈苔（日文名稱：青糸葉毛氈苔），日本市面上流通的幾乎都是這一種。有個不結種子的品系名為「California Sunset」，被認為是這兩種絲葉毛氈苔的雜交種。另外，葉片整體都變成紅色的all red品系也相當普及。

亞瑟山毛氈苔
(*D. arcturi*)

生長於澳洲、塔斯曼尼亞以及紐西蘭海拔1,500公尺左右的山區，因此夏季高溫在栽種上會是個問題，只能仰賴降溫設備來照顧管理。

線葉毛氈苔
(*D. linearis*)

生長於北美地區到加拿大的小型品種。日本國內幾乎沒聽過有人栽種。不耐夏季高溫，降溫設備不可或缺。

墨菲毛氈苔
(*D. murfetii*)

生長於澳洲、塔斯曼尼亞1,500公尺左右的山區。此品種為亞瑟山毛氈苔之亞種，最近幾年成為獨立物種。對這個品種來說，夏季高溫也同樣會是問題，只能仰賴降溫設備來照顧管理。

窄瓣毛氈苔
(*D. stenopetala*)

生長於紐西蘭山區。從國外進口並不困難，然而夏季難以存活。降溫設備不可或缺，栽培方式尚未明確。

D. x *obovata*
日文名稱：匙葉毛氈苔

英國毛氈苔與圓葉毛氈苔的自然雜交種，
分布於歐洲、北美洲，以及日本的尾瀨與
北海道。

D. x *eloisiana*

圓葉毛氈苔與長柄毛氈苔的自然雜交種，
分布於這兩個品種混雜生長的北美洲。長
出冬芽後即可分株。

D. x *hybrida*

絲葉毛氈苔與長柄毛氈苔的自然雜交種，
分布於這兩個品種混雜生長的北美洲。長
出冬芽後即可分株。

D. Anfil

英國毛氈苔與絲葉毛氈苔的人工交配種。
已故的永本二郎先生所培育的品種。未曾
以冬芽分株，只能靠葉插繁殖。

D. Nagamoto

英國毛氈苔（產於北海道佐呂別）與小毛
氈苔（產於大阪府信太山）的人工交配
種。已故的永本二郎先生所培育的品種。
一整年都能種在戶外，不過冬天要是收進
溫室裡還會繼續生長。

D. capillaris x *intermedia*

育種者不明，不過日本從以前就有人栽
種。不以冬芽分株，只能靠葉插繁殖。

D. anglica x *tokaiensis*

二〇一六年由日本園藝家培育而成，為兩
個品種的中間型。雖然耐寒，但冬天最好
要維持在5度以上，才會長得好。

D. anglica x *ultramafica*

二〇一六年由日本園藝家培育而成，為兩
個品種的中間型。雖然耐寒，但冬天最好
要維持在5度以上，才會長得好。

D. filiformis x *rotundifolia*

是國外培育出的交配種。其特徵是比
hybrida 來得細長，且跟 Anfil 極為相似，
不過葉片數量較多且生長旺盛。

亞熱帶到熱帶的類群

分布於亞熱帶到熱帶地區，不形成冬芽，一整年都會生長。
冬季需置於棚架、水族箱或溫室等處，採取保暖措施。

長葉毛氈苔
(*D. makinoi*)
日文名稱：白花長葉石持草

分布於日本千葉縣、茨城縣、愛知縣以及
宮崎縣等地。可採收到許多種子，因此被
視為一年生草本植物來栽培。

豐明毛氈苔
(*D. toyoakensis*)
日文名稱：長葉石持草

分布於日本愛知縣的豐明市與豐橋市。可
採收到許多種子，常會發現連旁邊的盆栽
裡也長了豐明毛氈苔。被視為一年生草本
植物來栽培。

蛇形毛氈苔
(*D. serpens*)

廣泛分布於澳洲北部。在日本很少聽說有
人栽培。

黃花毛氈苔
(*D. aurantiaca*)

廣泛分布於澳洲北部局部區域。在日本很
少聽說有人栽培。
帶有金屬光澤的橙色花朵相當美麗。

寬葉毛氈苔
(*D. burmannii*)
日文名稱：車葉毛氈苔

日本國內從二次大戰前就有人栽培。可結
出許多種子，常會發現連旁邊的盆栽裡也
長了寬葉毛氈苔。植株一開花就會變得衰
弱，因此被視為一年生草本植物。

漢米爾頓毛氈苔
(*D. hamiltonii*)

生長於澳洲西南部。如果是比較溫暖的區
域，就算種在戶外也能度過冬天。原生地
相當潮溼，有如被水淹沒一般。引進土瓶
草時偶然混雜於土中，因此傳入日本。

阿迪露毛氈苔
(*D. adelae*)

生長於澳洲北部的昆士蘭。就算陽光直射
也能長得好，但是要擺在可遮蔭半日且溼
度極高之處，就能大大成長。可利用根部
大量繁殖。氣溫要保持在5度以上才能度
過冬天。

負子毛氈苔
(*D. prolifera*)

生長於澳洲北部的昆士蘭。將盆栽擺在可
遮蔭半日且溼度極高之處照顧管理，避免
陽光直射。喜愛潮溼，可浸在比較深的腰
水中。可用花莖或根部繁殖，也可利用葉
插。氣溫要保持在5度以上才能度過冬天。

叉蕊毛氈苔
(*D. schizandra*)

生長於澳洲北部的昆士蘭。原生地是可遮
蔭半日且土壤相當乾燥的地方。將盆栽擺
在可遮蔭半日且溼度極高之處照顧管理，
避免陽光直射。可用葉插或根部繁殖。氣
溫要保持在5度以上才能度過冬天。

仙女座毛氈苔
(*D. Andromeda*)

負子毛氈苔與又蕊毛氈苔的交配種，為兩個品種的中間型。相當受人喜愛。以葉插繁殖會比根插來得好。

超基毛氈苔
(*D. ultramafica*)

生長於馬來西亞婆羅洲島等熱帶地區。可採收種子以大量繁殖。

狄爾思毛氈苔
(*D. dielsiana*)

原生地為南非。可採收到許多種子，會在溫室裡自行繁殖。植株健壯。

阿飛尼絲毛氈苔
(*D. affinis*)

生長於波札那、納米比亞等非洲熱帶地區。可利用種子大量繁殖。成長到一定程度之後就會枯萎，不過根部還活著，日後還會生長。氣溫要維持在7度以上才能度過冬天。

馬達加斯加毛氈苔
(*D. madagascariensis*)

廣泛生長於馬達加斯加與非洲熱帶地區。成長到一定程度後就會枯萎，不過根部還活著，日後還會生長。可用葉插大量繁殖。氣溫要維持在7度以上才能度過冬天。

愛麗絲毛氈苔
(*D. aliciae*)

以前的日本書籍把這個品種稱為澳洲小毛氈苔，但原生地其實是南非。可利用種子大量繁殖。氣溫要維持在7度以上才能度過冬天。

皇帝毛氈苔
(*D. regia*)

生長於南非的大型毛氈苔。葉片可長到30公分以上，黏性很強。雖是很受歡迎的品種，但栽培不易。嚴冬以外的季節可種在戶外。冬季要移入棚架裡，且需將氣溫維持在5度以上。

斯氏毛氈苔
(*D. slackii*)

原生地為南非。一整年都要擺在溫室裡，且需有充足的日照。地下根系發達，可用根插來繁殖，此外也能用葉插大量繁殖。

紐喀里多尼亞毛氈苔
(*D. neocaledonica*)

生長於新喀里多尼亞的小型品種。冬季氣溫必須維持在15度以上。葉片雖小，卻可用葉插大量繁殖。

那塔爾毛氈苔
(*D. natalensis*)

原生地為南非。與狄爾思毛氈苔極為相似。因地區不同而有相當大的差異，市面上流通的大多是被誤認的品種。容易栽培，冬季氣溫維持在5度以上就沒問題。

柯林毛氈苔
(*D. x collinsiae*)

生長於南非與馬達加斯加。馬達加斯加毛氈苔與 *D. burkeana* 的自然雜交種，可利用葉插大量繁殖。

D. neocaledonica x aliciae

鈴木一嘉先生於一九八三年培育而成。以前曾被誤認為是紐喀里多尼亞毛氈苔或 *D. glabripes* 而在市面上流通。容易栽培，可利用葉插大量繁殖。

北領地毛氈苔家族（生長於澳洲北部熱帶地區的類群）

水族箱內必須一整年都維持在高溫多溼狀態，尤其是冬季氣溫，必須維持在20度以上才行。

大肉餅毛氈苔（*D. falconeri*）

寬銀毛毛氈苔（*D. ordensis*）

細銀毛毛氈苔（*D. lanata*）

黃孔雀毛氈苔（*D. fulva*）

布萊薇科毛氈苔（*D. brevicornis*）

小肉餅毛氈苔（*D. kenneallyi*）

紅孔雀毛氈苔（*D. paradoxa*）

德彼毛氈苔（*D. derhyensis*）

布魯姆毛氈苔（*D. broomensis*）

形成苞芽的類群

迷你毛氈苔是生長在澳洲西南部極為乾燥的矽砂與褐色砂質土壤中的小型品種。其原生地並非溼地，
而是乾燥的一般土地，但只要稍微往下挖，就會發現地面下是溼的。另外，美麗毛氈苔（*D. pulchella*）、
無節毛氈苔（*D. enodes*）以及曼尼毛氈苔則是生長在潮溼的土地上。
所有類別都生長在日照充足的地方。

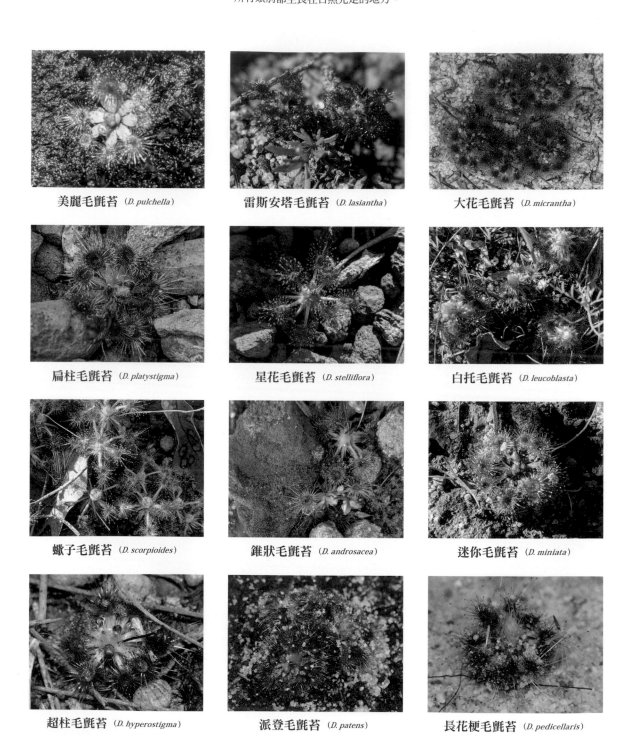

美麗毛氈苔（*D. pulchella*）　　雷斯安塔毛氈苔（*D. lasiantha*）　　大花毛氈苔（*D. micrantha*）

扁柱毛氈苔（*D. platystigma*）　　星花毛氈苔（*D. stelliflora*）　　白托毛氈苔（*D. leucoblasta*）

蠍子毛氈苔（*D. scorpioides*）　　錐狀毛氈苔（*D. androsacea*）　　迷你毛氈苔（*D. miniata*）

超柱毛氈苔（*D. hyperostigma*）　　派登毛氈苔（*D. patens*）　　長花梗毛氈苔（*D. pedicellaris*）

凱樂斯毛氈苔（*D. callistos*）

閃亮毛氈苔（*D. nitidula*）

山下毛氈苔（*D. oreopodion*）

林居毛氈苔（*D. silvicola*）

曼尼毛氈苔（*D. mannii*）

格里夫毛氈苔（*D. grievei*）

無節毛氈苔（*D. enodes*）

蘿絲娜毛氈苔（*D. roseana*）

分花毛氈苔（*D. minutiflora*）

密芽毛氈苔（*D. pycnoblasta*）

鬍鬚毛氈苔（*D. barbigera*）

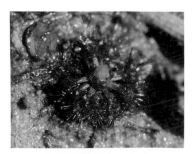

尖刺毛氈苔（*D. spilos*）

形成塊莖的類群（原產於澳洲）

生長於澳洲西南部極為乾燥的矽砂與褐色砂質土壤中。其原生地並非溼地，而是乾燥的一般土地，
但只要稍微往下挖，就會發現地面下是溼的。另外，硫磺毛氈苔（D. sulphurea）、D. lowriei、D. stricticaulis、
D. monticola 以及 D. tubaestylis 則是生長於潮溼的土地上。
葉片呈蓮座狀排列的品種大多生長於可遮蔭半日如林中樹蔭的地方，而非日照充足之處。

鱗狀毛氈苔（*D. squamosa*）

山丘毛氈苔（*D. collina*）

紅根毛氈苔薄葉變種
（*D. erythrorhiza* var. *imbecilia*）

蓮座毛氈苔（*D. rosulata*）

喇叭毛氈苔（*D. tubaestylis*）

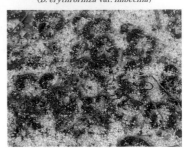
紅根毛氈苔（*D. erythrorhiza*）

＊紅根毛氈苔英文為「red ink sundew」，維基百科
雖為紅根毛氈苔，翻作「紅墨毛氈苔」會更正確。

洛瑞毛氈苔（*D. lowriei*）

＊為了紀念植物學家Allen Lowrie而命名。

環狀毛氈苔（*D. zonaria*）

大葉毛氈苔（*D. macrophylla*）

球狀毛氈苔（*D. bulbosa*）

細莖毛氈苔（*D. humilis*）

匍匐毛氈苔（*D. prostrata*）

 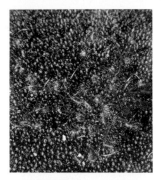 

花崗岩毛氈苔 （*D. graniticola*）　　曼西毛氈苔 （*D. menziesii*）　　謙虹毛氈苔 （*D. modesta*）

顯著毛氈苔 （*D. huegelii*）　　大花毛氈苔 （*D. macrantha*）　　硫磺毛氈苔 （*D. sulphurea*）

寬腳毛氈苔 （*D. platypoda*）　　纏繞毛氈苔 （*D. intricata*）　　鹽湖毛氈苔 （*D. salina*）

延伸毛氈苔 （*D. porrecta*）　　匍匐毛氈苔 （*D. stolonifera*）　　星虹毛氈苔 （*D. myriantha*）

形成塊根的類群

原生地為南非。
就跟澳洲的塊莖種一樣，在夏季的乾季休眠，在冬季的雨季生長。
休眠期僅剩細長的地下根部宿存，以度過乾季。

白花毛氈苔
（D. alba）

其生長於南非
（Gifberg）、錫德
山（Cederberg）
的頂峰平地等開闊
且日照充足的地
方。土質為細緻的
砂質或黏土質土
壤，也能看到許多
石英岩。夏季極為
乾燥。

岩薔薇毛氈苔
（D. cistiflora）

分布於廣大範圍
內，差異頗大。土
壤為略帶黏土質的
砂質土，有些季節
較為潮溼，但大部
分的季節都是略為
乾燥。

少花毛氈苔
（D. pauciflora）

生長於開普敦海岸
附近的低窪平坦丘
陵。雨季相當潮
溼，土壤為砂質或
稍有摻雜黏土的砂
質土壤。

南非小毛氈苔
（D. trinervia）

雨季在潮溼的砂質土壤中冒出芽來，冬季
生長而夏季落葉的蓮座狀植物。至於在南
非 Bainskloof、Gifberg 的石英砂岩隨處可
見且相當潮溼的細緻砂質土壤中生長的，
則被認為是常綠植物。

分枝毛氈苔
（D. ramentacea）

生長於面向開普敦附近的南海岸的丘陵
地。雨季來臨時，土壤會變得相當潮溼。
此地經常發生森林大火，被火燒掉之後還
會從根部重生。

光炳毛氈苔
（D. glabripes）

生長於南非銀礦（silvermine）與赫爾馬
努斯（Hermanus）南向丘陵地的斜坡上
日照充足之處。四周如果有草叢就會生
長。砂質土壤，雨季相當潮溼。

楔葉毛氈苔
（D. cuneifolia）

開普敦山區特布爾山（Table Mountain）
特有種。生長於河流兩旁的泥炭地或泥炭
質砂地等有泉水湧出之處。這座山經常被
雲籠罩，植被低矮，日照充足。

蔡赫毛氈苔
（D. zeiheri）

生長於卡利登（Caledon）附近。該處的
土質為帶有黏土質的砂質土壤，雨季相當
潮溼。從形態學來說，葉片與花莖的生
長方式介於岩薔薇毛氈苔與少花毛氈苔之
間，因此至今被認為是這兩個品種的同種
異名。

希拉毛氈苔
（D. hilaris）

生長於稍有高度的
山區斜坡上日照充
足之處。原生地的
植株被野火燒掉地
面上的部分之後，
還會重新發芽，自
成一個循環。

冬季休眠的類群

這個類群的毛氈苔會在冬季形成越冬芽，廣泛分布於平地與山區，日本也有許多種類生長。

小毛氈苔生長於宮城縣以南的本州、四國、九州以及琉球群島，甚至連臺灣、香港也能看到它的蹤跡。*D. tokaiensis* 生長於靜岡縣以南的本州、四國，以及九州。英國毛氈苔與 *D. x obovata* 生長於日本尾瀨之原與北海道部分區域，日本以外的原生地有歐洲、北美洲，不知為何連夏威夷也有。

分布於北半球所有區域的圓葉毛氈苔也出現在琉球群島以外的日本所有區域，塊莖種 *D. lunata* 則生長於日本部分區域。

美洲的絲葉毛氈苔、長柄毛氈苔，澳洲跟紐西蘭的叉葉毛氈苔，以及交配種 *D. x hybrida*、*D. Nagamoto*、*D. x eloisiana* 等品種都很好照顧，適合新手栽種，也較為容易取得。每年五月左右都能在居家雜貨店或園藝店等處買到。

澳洲有許多塊莖類的毛氈苔，而日本也有 *D. lunata*（日文名稱：石持草），這個品種廣泛分布於日本千葉、靜岡、愛知、岐阜、大阪、兵庫及廣島等地，此外亦分布於東南亞、印度及澳洲等廣大範圍。以前這個品種被稱為盾葉毛氈苔（*D. peltata*），後來才在盾葉毛氈苔的正模標本中發現萼片上有細毛，跟石持草不一樣。許多比較形態學的研究都顯示澳洲有好幾個近緣種，因此一般認為石持草是從澳洲東北部傳到東南亞、喜馬拉雅、中國以及韓國，最終傳到日本的 *D. lunata*。

日本的 *D. lunata* 生長於溼地，一整年都是溼地環境，沒有乾雨季之分，因此栽培方式也是一整年都以腰水栽種於戶外。初春開始生長，從15公分長至20公分直立生長，五六月就會開出白花。到了七月生長停滯開始枯萎，以地下塊莖休眠。不過，這個品種並不需要像澳洲的品種那樣地讓盆栽保持乾燥。

靜岡縣菊川的 *D. lunata*（石持草）

（1）日照

買到之後的第一要務，是把盆栽擺在日照充足的地方。很多人都以為食蟲植物是熱帶植物，所以會把它們擺在室內，那可是大錯特錯。至少也要把盆栽擺在陽光直射的地方半天（上午或者下午）才行。就算是會刮風下雨的地方，也不會影響到植株的生長。

（2）給水

這個類群的植物都是溼地植物，所以要用腰水來栽種。只要將購入的盆栽整個浸在水裡就行了。水深1公分左右就夠了。比1公分還深的話，容易造成根部腐爛，一旦發生可就大事不妙了。不過，英國毛氈苔的腰水最好要深一點。

（3）溫度

這個類群的毛氈苔基本上一整年都要用腰水法給水，並且要擺在陽光直射的地方。冬季來臨就會停止生長，並且形成有如緊握的拳頭般的冬芽。叉葉毛氈苔族群不形成冬芽，只會留下包含生長點在內的莖條前端，然後就不再生長。到了秋季，原本綠意盎然的葉子就會枯萎，並且從生長點中央形成冬芽。若說此時有什麼要特別注意的地方，那就是「不改變放置地點」以及「不忘記給水」這兩件事了。

很多人會在冬天把盆栽收進室內，千萬不要這麼做，照樣擺在戶外就行了。而且也要跟生長期間一樣地給水，不要讓植株沒水喝。換句話說，一年四季都不需要改變放置地點與給水方式。順帶一提，就算結凍也不會有什麼問題。

產於澳洲、塔斯曼尼亞與紐西蘭的亞瑟山毛氈苔、*D. murfetii* 都是高海拔山區的植物，因此不耐夏季暑熱，必須要有降溫設備。

（4）換盆、培養土、盆器

購入植株時，植株大多是種在黑泥炭土裡，但泥炭土其實容易腐爛，不適合長久使用，因此必須移植栽種。將植株拔起，注意不要弄斷根部。用水把根部清洗乾淨之後，再用新的水苔包覆根部，種入盆中。水苔不可塞得過於緊實，也不可過於柔軟。種好之後，從盆栽上方澆灌足夠的水分，過了幾秒就有水流出是剛剛好的狀態。要是水分似乎滯留盆中，那就表示水苔過於緊實。至於 *D. lunata*，使用鹿沼土、輕石等砂質土壤會比水苔來得好。

盆器無須過分講究，可使用原本的軟盆，也可以用瓷釉盆、塑膠盆，什麼都好。盛夏以外的任何季節都能換盆，不過最好是選在冬芽形成期間（休眠期）。

（5）繁殖方式（根插、葉插、實生、分株）
①根插

叉葉毛氈苔在換盆時會有很多粗壯的根，只要適度裁剪成 5 公分大小，擺在水苔上，並且上面再用水苔覆蓋，就會從很多地方冒出芽來，相當有意思。這個方法叫作根插，但是要有一定的溫度才會發芽，所以要是在三、四月換盆，並順便進行根插的話，五月下旬到六月期間就能繁殖為許多株。

②葉插

另外，也有不使用根部而是用葉片扦插的繁殖方式。只要剪下 *D. x obovata* 等交配種或絲葉毛氈苔等品種的葉片，將黏答答的部分朝上擺在水苔上就行了。一個月過後，嫩芽就會從葉片表面冒出頭來。這個方法稱為葉插。像這樣使用植物的一部分（根或葉）就可以輕鬆複製，或許也是食蟲植物栽培的魅力之一。

③分株

絲葉毛氈苔、*D. x eloisiana* 以及 *D. x hybrida* 等品種在冬芽形成時大多會長出三到四顆側芽，可用雙手輕鬆扳開予以繁殖。

④實生

最後要介紹的繁殖方法是實生，也就是從種子開始種起的方式，播種之後必須等候種子發芽。長柄毛氈苔、絲葉毛氈苔、圓葉毛氈苔、*D. tokaiensis* 以及小毛氈苔都能結出許多種子。

毛氈苔的種子都很小，所以要用剪刀將水苔盡量剪碎之後才能使用。接著只要將種子分散播種即可。一個月過後，就會冒出許多幼苗。要是長得快的話，四個月左右即可成長至母株大小。夏季到秋季可採收種子，採收到種子立即播種，隔年春天就會發芽。

另外，交配種不會結籽，只能用根插或葉插來繁殖。無論是根插、葉插還是實生，都是以氣溫夠暖和的四、五月最為合適。不過，要是有溫室等保暖設備，無論何時都能進行。除此之外，無論採用任何做法，都必須將盆栽擺在日照充足的地方，並且用腰水來照顧管理。這是理所當然的一件事。

（6）病蟲害

有時生長點在生長期間會有葉蟎、介殼蟲或蚜蟲的蹤跡。要是有看到就用藥劑驅除，其他類群也是一樣。

採用種子繁殖的小毛氈苔。六月下旬播種，照片中為十月下旬的狀態

▋一年四季的照顧管理

	春	夏	秋	冬
放置地點	戶外	戶外	戶外	戶外
日照	陽光直射	陽光直射	陽光直射	陽光直射
給水	腰水	腰水	腰水	腰水

亞熱帶到熱帶的類群

腺毛毛氈苔（*D. glanduligera*）
生長於澳洲伯斯附近

巢型毛氈苔（*D. nidiformis*）
生長於南非。可利用種子大量繁殖

羅賴毛氈苔（*D. roraimae*）
生長於南美洲的蓋亞那高原

這個類群的毛氈苔生長在較為溫暖的區域到熱帶地區，分布範圍涵蓋臺灣、香港、東南亞、南非，甚至遠達北美洲南部與澳洲北部的熱帶地區，可說是相當廣泛。

同樣地，長葉茅膏菜（*D. indica*）的族群遍及日本千葉縣、茨城縣、愛知縣、宮崎縣等地的一小塊區域，以及印度、東非、馬達加斯加、東南亞、澳洲北部的廣大範圍。阿迪露毛氈苔、負子毛氈苔、叉蕊毛氈苔、漢米爾頓毛氈苔、腺毛毛氈苔、北領地毛氈苔家族為澳洲特有種；好望角毛氈苔、狄爾思毛氈苔、馬達加斯加毛氈苔為南非特有種；寬葉毛氈苔、超基毛氈苔為臺灣、香港以及東南亞一帶的特有種，紐喀里多尼亞毛氈苔則為新喀里多尼亞特有種。

這個類群基本上不耐寒，必須用溫室或水族箱來保暖。

其中又以好望角毛氈苔、阿迪露毛氈苔以及漢米爾頓毛氈苔等品種比較容易在園藝店等處買到，建議可從這些品種來著手。

二○一三年有學者將長葉茅膏菜族群分得更細，因此產於日本的長葉石持草又被分成兩種：分布於關東、愛知（壹町田溼地）、九州的白花長葉石持草為長葉毛氈苔（*D. makinoi*）；分布於愛知縣豐明市與豐橋市的紅花長葉石持草則是豐明毛氈苔（*D. toyoakensis*）。至於澳洲品種又可分類為如下：

種名	分布	特徵	花朵顏色
D. aquatica	澳洲北部	在水中生長。莖幹為紅色，葉片為綠色	淡紫
D. aurantiaca	澳洲北部	植株整體為鮮紅色	橙黃
D. barrettorum	澳洲北部	莖幹為紅色，葉片為綠色	淡紫
D. cucullata	澳洲北部	莖幹為淡紅色，葉片為綠色	白（中間為紅色）
D. finlaysoniana	澳洲中部、越南、寮國、臺灣、中國	植株整體為綠色	淡紫
D. fragrans	澳洲北部	植株整體為綠色	深粉紅
D. glabriscapa	澳洲北部	植株整體為鮮紅色	深紅
D. hartmeyerorum	澳洲北部	植株整體為鮮紅色，莖幹與葉柄處有圓而黃的毛狀體	粉紅
D. indica	非洲、馬達加斯加、印度、東南亞、中國	植株整體為白色或綠色	白或粉紅
D. nana	澳洲北部（達爾文）	植株整體為白色，高度約10公分左右，相當嬌小	白
D. serpens	澳洲東北部、東南亞	植株整體為鮮紅或綠色	粉紅

（1）日照

就跟會形成冬芽的類群一樣，照顧這個類群的第一要務，是把盆栽擺在日照充足的地方。不過，負子毛氈苔與叉蕊毛氈苔喜歡待在半陰處，因此溫室棚架下方等處為最佳地點。另外，北領地毛氈苔家族最好是一整年都遮光30％左右。除此以外的品種就算陽光直射也不會有問題，但要是葉片因為盛夏的強烈日照而曬傷，就要在盛夏期間遮光30％左右，才能健康成長。

（2）給水

這個類群的植物都是溼地植物，所以要用腰水栽種。不過，北領地毛氈苔家族當中葉片布滿細毛的族群（寬銀毛毛氈苔、細

好望角毛氈苔（*D. capensis*）
生長於南非

銀毛毛氈苔及布魯姆毛氈苔等）則是因為從植株上方澆水容易導致腐爛，因此要用腰水法給水。

（3）溫度

這個類群的植物生長在亞熱帶到熱帶地區，所以冬季不會停止生長。要是有溫室或沃德箱的話，可將植物收納其中，並將最低氣溫設定在10～15度來保暖。沒有溫室等設備的話，可以準備一個用來飼養熱帶魚的水族箱，放在朝南或朝東的室內窗邊。接著在四個角落放入倒扣的花盆，並且擺上金屬網架。調整水位高低，讓水面高度保持在比金屬網架低2公分的程度。將盆栽擺在金屬網架上，再蓋上玻璃或壓克力板，就成了一個小型的室內溫室。

D. BioDrop（*tokaiensis* x *capensis*）
有些人以為母本是 *D. burkeana*，但其實是 *D. tokaiensis* 才對

準備一台用於飼養熱帶魚的加熱器來加溫，並且用恆溫器來控制溫度。雖然要加熱的是水，但溫度計卻是用來測量水族箱內的氣溫而非水溫。設定恆溫器，讓氣溫保持在15到20度左右。北領地毛氈苔家族則是以20度以上為佳。

另外，也有一些品種比較耐寒。

D. Hercules
D. capensis alba x *aliciae*

要是在嚴冬時期把好望角毛氈苔擺在戶外，植株雖然會枯萎，不過地下根仍然可以活著，等到春天降臨就會冒出芽來，讓人驚訝於生命力的堅韌。另外，只要將溫度維持在5度以上，漢米爾頓毛氈苔就能度過冬天。

（4）換盆、培養土、盆器

就跟會形成冬芽的類群一樣，我建議可以把栽種毛氈苔所用的泥炭土改成水苔。盆器無須過份講究，可使用原本的軟盆，也可以用瓷釉盆、塑膠盆，什麼都行。另外，盛夏以外的任何季節都能換盆。

（5）繁殖方式（根插、葉插、實生）

①根插

漢米爾頓毛氈苔、好望角毛氈苔，以及阿迪露毛氈苔在換盆時會有很多根，只要適度裁剪成5公分大小，擺在水苔上，就會從多處冒出芽來。

②葉插

只要剪下紐喀里多尼亞毛氈苔、馬達加斯加毛氈苔，以及阿迪露毛氈苔的葉片，將黏答答的部分朝上擺在水苔上，一個月過後，葉片表面就會冒出芽來。請務必要試試看。

③實生

寬葉毛氈苔、長葉茅膏菜族群，以及腺毛毛氈苔可用種子輕鬆繁殖。這些品種開花後就會枯萎，被視為一年生草本植物，所以要記得用種子來繁衍。

亨伯毛氈苔（*D. humbertii*）生長於馬達加斯加

▌一年四季的照顧管理

	春	夏	秋	冬
放置地點	戶外	戶外	戶外	室內
日照	陽光直射	遮光30%	陽光直射	陽光直射
給水	腰水	腰水	腰水	腰水

形成苞芽的類群

這個類群的毛氈苔會形成苞芽，幾乎都生長於澳洲西南部，但也有部分產於塔斯曼尼亞、澳洲東南部以及紐西蘭。這個類群的食蟲植物已經進化，能夠適應雨季與乾季的嚴酷氣候條件。

（1）日照

照顧這個類群的第一要務，是把盆栽擺在日照充足的地方。雖然陽光直射也無妨，但盛夏時期最好要遮光30％左右。比起栽種於戶外，有更多人選擇種在溫室裡或沃德箱內的日照充足之處。

美麗毛氈苔

（2）給水

這個類群的植物都是溼地植物，用腰水法栽種沒有問題。原生地的氣候有雨季與乾季之分，乾季相當乾燥，因此基本上一整年都以腰水來栽種也無妨。

侏儒毛氈苔（*D. pygmaea*）

（3）溫度

當地的冬季氣溫最低只會降到5度左右，不至於結凍，因此在日本栽種的話，只要保暖到不至於結凍的程度就可以了。一年四季都把盆栽擺在日照充足的地方，並且將氣溫維持在5度以上就行了，可慢慢增加植株的種類與數量。

（4）換盆、培養土、盆器

這個類群與其他類群的最大不同在於培養土。基本上最好使用砂質培養土，而非水苔。我用的是以鹿沼土、泥炭土、赤玉土，以及川砂適當調配而成的培養土。排水狀況也要調整得跟使用水苔時一樣，也就是水一下子就流出來的程度。

不過，美麗毛氈苔、無節毛氈苔用水苔來種似乎也沒問題，因為原生地是非常潮溼的地方。其他品種的迷你毛氈苔則是生長在表面乾燥的砂質土地上。當然也有一些品種可以用水苔來種，不過還是應該盡量提供與原生地相似的環境。

因為用的是砂質土壤，植株種在塑膠盆裡會比軟盆來得穩。而且根部又長又直，最好是選擇縱長型的盆器。

最棘手的是換盆。迷你毛氈苔家族不喜歡移盆，所以最好盡量不要換。既然每年都會長出苞芽，用苞芽來更新植株是更聰明的做法。

（5）繁殖方式（苞芽繁殖）

這個類群在秋冬期間會從生長點長出許多芝麻粒大小的肉芽，稱為苞芽。用牙籤尖端取下苞芽，置於土壤上，一週左右就會發芽，一個月左右即可成長至母株大小，非常神奇。雖然也能靠實生或葉插來繁殖，不過苞芽繁殖既簡單又方便，請務必要試試看。

另外，前面也提過，這個類群的毛氈苔不喜歡換盆，所以只要準備幾個花盆，把苞芽擺上去繁殖，輕輕鬆鬆就可以在特賣會或交換會中出品。

要是把苞芽排得太密，就會變得太擠，所以擺在土壤上的時候，要有1公分左右的間隔。接著只要依照母株的方式來照顧管理，就可以增加為許多株。

蠍子毛氈苔的苞芽

▌一年四季的照顧管理

	春	夏	秋	冬
放置地點	室內	室內	室內	室內
日照	陽光直射	遮光30％	陽光直射	隔著玻璃照射陽光
給水	腰水	腰水	腰水	腰水

形成塊莖、塊根的類群

這個類群的毛氈苔會形成塊莖或塊根，幾乎都生長於澳洲西南部與南非。這個類群的食蟲植物能夠適應雨季與乾季的環境變化，並且在乾季形成塊莖或塊根以休眠。

在日本栽種的話，生長期為秋季到隔年春季。大約十月下旬會從休眠中醒來開始生長，隔年四、五月停止生長，進入休眠期。

至於日本也有的品種 *D. lunata*，請依冬季會形成冬芽的類群的栽培方式來照顧管理，而非本頁內容。

（1）日照

生長期──也就是秋季到隔年春季這段期間──要把盆栽擺在日照充足的地方，就算陽光直射也完全沒問題。

（2）給水

原生地是水分含量極高的溼地，所以要用腰水來栽種，但只要摸起來溼溼的就行了。最好是把植株放在不會淋到雨的棚架內或溫室裡，而非可能淋到雨的戶外。

（3）溫度
①夏季（休眠期）

黃金週（四月底到五月初）過後就會停止生長、逐漸枯萎，並休眠到同一年的秋季為止。說到這段期間該如何照顧管理，基本上就是不改變放置地點，只是要調整給水量而已。換句話說，原生地在這段期間進入乾季，土壤是沒有下雨的乾燥狀態。因此栽種

時也必須停用腰水，讓盆栽處於乾燥狀態。雖說是乾燥，但也不能完全乾透。

日本在這段期間正好是開始降雨的梅雨季節，所以不能擺在戶外。要不是設法讓盆栽不會淋到雨，就是得將盆栽收進溫室內或箱子裡。另外，也可以挖出塊莖，用蛭石與乾燥水苔包覆，放進塑膠袋裡，置於陰涼處保管。植株基本上處於休眠狀態，不需要曬太陽，只要保持乾燥就沒問題。等到夏季結束進入秋天（大約在秋分過後），就能再度用腰水法給水。這麼一來，十月下旬就會再度開始生長。

②冬季（生長期）的照顧管理

當地冬季的氣溫最低只會降到 5 度左右，所以在日本栽種的話，只要保暖到不至於結凍的程度就行了。如果是比較溫暖的區域，只要把盆栽收進放在戶外的水族箱或沃德箱裡，就算沒有替植株保暖仍可充分生長。不過，要是用加熱器等設備來加熱，最好要讓溫度保持在 5 度以上才會長得好。

生長期間要用稀釋一千倍的花寶溶液來噴灑葉面，每週一次。另外，也可以在盆栽裡添加魔肥（4號盆可放二、三顆）。由於當地有許多袋鼠糞便，可想而知養分十足，所以肥料最好要給得比其他食蟲植物還多。等到春季來臨，成長停滯，葉片就會開始枯萎。為了讓土裡的塊莖、塊根儲存養分與水分，從開始枯萎起一個月左右仍要持續給水。一個月過後就停止供水，使其乾燥。

（4）換盆、培養土、盆器

就跟迷你毛氈苔家族一樣，這個類群要使用砂質培養土，而非水苔。我用的是以鹿沼土、赤玉土適當調配而成的培養土。

因為用的是砂質土壤，植株種在塑膠盆或素燒盆裡會比軟盆容易照顧管理。至於如何換盆，請看以下說明。

布朗毛氈苔（*D. browniana*）

懷氏毛氈苔（*D. whittakeri*）

①產於澳洲的品種

要是在生長期間移植或換盆，有時會不小心把植株或塊莖弄斷，所以要在休眠之後才換盆。八月左右從盆裡挖出塊莖。停止生長之後，就是塊莖儲存養分與水分的時間，因此停止生長後一個月左右最好都不要去動它。依種類而定，有時塊莖會從一球增為三球。即使數量並未增加，有時塊莖會跑到比當初種下的位置更深的地方，或者移到不顯眼的角落，所以為了調整位置，每年都得換一次盆。培養土很少會腐壞，因此可以繼續使用，不過，每年都用新的培養土來換盆的話，植株會長得比較好。

把塊莖挖出來之後，確定上下方向無誤即可種入比球根的直徑深三、四倍的地方。至於上下方向如何判斷，塊莖的光滑面即為下方。另外，放入二、三顆魔肥作為基肥可帶來不錯的效果。

②產於南非的品種

澳洲的是塊莖植物，南非的則是以粗根狀態休眠的塊根植物。塊根並不會四處移動，這與塊莖不同。

要是培養土沒有腐壞，一般並不會認為需要特地換盆，但在為秋季的生長期預做準備而移盆時，請將根部一根一根仔細種好。根部大約有4～6公分。從基部分為二，粗壯的是新長出來的，細瘦且軟趴趴的是前一年的，可將其切除。將根部縱向種入盆裡，不過就算是橫向也沒問題。

（5）繁殖
①產於澳洲的品種

前面提過，趁著換盆時分球繁殖是最簡便的方式，也是一般的做法，但也能用種子來繁殖。直立型的毛氈苔可用扦插繁殖。另外，雖不是常見的做法，不過也可以用葉插來繁殖。至於如何葉插，請參考前面提過的不形成冬芽的毛氈苔與熱帶型毛氈苔的頁面。

②產於南非的品種

在休眠期換盆時會挖出粗壯的根。這些根部通常

為縱向，只要將其橫向埋入土中，到了秋季的生長期就會有多處發芽。另外，也可以用種子繁殖，發芽不易的話，可利用煙燻法來促進發芽。這是因為當地的燎原野火往往可促使種子發芽，因此可將已播種的盆栽放進木箱並在箱裡燃燒木炭，使其充滿煙霧。

鋸齒毛氈苔（*D. zigzagia*）

（6）關於進口澳洲塊莖

澳洲的同好在每年十一月都會寄來塊莖毛氈苔的目錄清單。如同大家所知，澳洲的季節跟日本正好相反。十一月在日本是冬季的開端，在澳洲卻是正要進入夏季。換句話說，此時澳洲的塊莖毛氈苔處於冬眠期，正好適合郵寄。

要是在這個時期訂購，十二月左右就會寄到日本，因此必須讓塊莖馴化，以適應日本的季節循環。

進口的塊莖會被裝在塑膠袋裡。這些塊莖當然不用曬太陽，也無須給水。有些種類只要那麼放著就會發芽，發了芽就要種到土裡。根據我的經驗，一月到二月會開始發芽。發了芽之後就要種到土裡，給予足夠的水分使其生長。

相反地，也有許多塊莖並不開始生長。要是這些塊莖照樣放在袋子裡，直到八月都還不開始生長的話，那就是一件很幸運的事。只要在九月上旬將塊莖種入盆裡，並給予足夠的水分，那就是已經適應了日本的生長週期。

岩薔薇毛氈苔

▍一年四季的照顧管理

	春	夏	秋	冬
放置地點	室內	室內	室內	室內
日照	隔著玻璃照射陽光	─	隔著玻璃照射陽光	隔著玻璃照射陽光
給水	腰水	乾燥	腰水	腰水

捕蟲菫屬
Pinguicula

生長於八方尾根的大角捕蟲菫（*P. macroceras*）

　　捕蟲菫屬的植物在全世界共有80種，日本的高山上也有大角捕蟲菫（*P. macroceras*。日文名稱：捕蟲菫）與分枝捕蟲菫（*P. ramosa*。日文名稱：庚申草）這兩種。前者在日本的分布較為廣泛，而且花朵與菫菜花相似，因此被冠上「捕蟲菫」這個日文名稱，但其實並不是菫菜屬的植物。另一方面，庚申草是日本特有的品種，原生地僅限於日光山系的庚申山一帶，也因為數量稀少而被指定為特別天然紀念物加以保護。

　　捕蟲菫屬的植物分布廣泛，根據產地又可分成日本與歐洲高山帶（歐洲或溫帶高山性）、北美平地（美洲或溫帶低地性）、墨西哥高山帶（墨西哥或熱帶高山性）以及南美高山（安地斯山脈或南美高山性）這四個類群，而其生態與栽培方式也是分成四種來考量會比較簡單明瞭。不過，任何類群的捕蟲機制都是一樣的。

尾瀨境內的至佛山有種類繁多的捕蟲菫

　　日本的高山帶北從北海道大雪山、本州秋田駒岳、新潟早出峽、男體山、女峰山、日光白根山、赤城山、秩父、南阿爾卑斯、八岳、岐阜、三重、栂池高原，南至四國石鎚山的廣大範圍，都可見到捕蟲菫的蹤跡。

　　近年來捕蟲菫的人工授粉相當盛行，除了塞提捕蟲菫（Sethos）、威悉捕蟲菫（Weser）以及馬爾恰諾捕蟲菫（Marciano）之外，日本也有「朧月」、「藤娘」、「福娘」等許多優良交配種。

　　獵捕昆蟲主要是靠葉片進行，但令人驚奇的是花莖上也布滿黏液，同樣也可以捕捉蟲子。

　　昆蟲一旦被葉片的黏液黏住，這個刺激會使得碰觸到蟲子的纖毛縮短，於是蟲體就會碰觸到葉片表皮。這麼一來，葉片表面就會出現淺淺的凹陷，消化液可積存在這個凹陷處以消化小動物。要是昆蟲碰觸到葉片邊緣，葉片邊緣就會朝著昆蟲的方向動一下，不過並不是像毛氈苔彎折葉面以捕捉昆蟲那樣的動作。葉片表面暫時擔負起胃部的角色。

　　要是用顯微鏡觀察葉片表面，就會看到有柄且呈傘狀的有柄腺，以及無柄而平貼葉片表面的無柄腺。有柄腺會分泌黏液以捕捉昆蟲，無柄腺則負責分泌消化液。

　　消化液含有蛋白去磷酸酶與核酸酶，以獲得貧瘠之地缺乏的磷酸，此外也含有蛋白分解酶等酵素，以獲得同樣缺乏的氮。一般認為，消化後的分解產物由有柄腺與無柄腺快速吸收。

溫帶高山性類群（歐洲）

廣泛分布於以歐洲為主的歐亞大陸、美洲北部、中國以及日本的山區。
生長於高海拔山區，會形成冬芽。
日本名山亦有其蹤跡。產地不同，花朵形狀等特徵也不一樣。

大角捕蟲堇（*P. macroceras*，日文名稱：捕蟲堇）

廣泛分布於日本、美洲北部、中國以及歐洲的山區。
以前這個品種被認為是野捕蟲堇（*P. vulgaris*）的變種，因此許多文獻上仍將其記載為野捕蟲堇。

生長於群馬縣谷川岳頂峰附近的一小塊區域。花期為七月上旬。海拔1,977公尺。雖可搭纜車至半山腰，但在那之後必須爬山四個小時，相當辛苦。

生長於通往南阿爾卑斯頂峰的路上，平貼著岩壁生長。花期為六月中旬。海拔1,600公尺。可開車抵達登山口，接著轉乘登山專車。這是最輕鬆的路線。

生長於尾瀨境內的至佛山。花期為七月中旬。海拔2,000公尺附近。雖可從尾瀨之原那一側起登，然而爬至山頂費時五小時，相當辛苦。

生長於新潟縣早出峽的岩壁上。花期為五月中旬。從停車場沿著山路走上一小時就能抵達原生地。此處海拔只有300公尺，所以是日本品種當中最容易栽培的一種。

生長於新潟縣杉川溪谷的岩壁上。花期為五月中旬。此處海拔也只有300公尺，從停車場沿著山路走上二十分鐘就能抵達原生地。

生長於岐阜縣根尾村的瀑布附近。花期為五月底。此處海拔也只有500公尺左右，算是容易栽培的品種。
停好車之後走上二十分鐘就能抵達原生地，但有部分山路崩塌，需多加小心。

生長在三重縣飯高町的岩壁上。花期為五月中旬。尺寸大小比其他產地的還要大上一圈。山路顛簸不好走，得花上兩個多小時才能抵達原生地。

生長在長野縣八方尾根的山上。海拔1,800公尺。花期為六月中旬。搭乘纜車至山頂附近，沿著平緩的木棧道前行即可抵達，就連對體能沒有自信的人也可以前往。

生長於群馬縣赤城山地藏岳的山頂附近。花期為六月上旬。海拔1,647公尺。不知是否受到環境變化的影響，個體數量比以前少很多，只有在山頂的一小塊區域可見到幾株。

生長於栂池高原的溼地。海拔為2,200公尺。

生長於尾瀨境內的菖蒲平原。海拔1,969公尺。

生長於日光白根山海拔2,250公尺附近的草原。

生長於八岳的岩壁，海拔2,200公尺

日本的大角捕蟲菫不僅花朵的形狀會因為產地而不同，其原生環境的差異也相當有意思。早出峽、杉川溪谷、南阿爾卑斯、岐阜縣根尾村、三重縣飯高町，以及八岳等地的植株是從幾乎寸草不生的岩壁長出。這些地點都有水滴從上方落下，可為植物提供水分。

另一方面，菖蒲平原、栂池高原、日光白根山以及赤城山的植株則是生長於平地。其中菖蒲平原、栂池高原以及日光白根山是溼地，就跟圓葉毛氈苔的原生地一樣。赤城山則是一般土地，而非溼地。谷川岳、至佛山以及八方尾根的植株則生長於平緩山坡地。

美國加州北部的山上也有大角捕蟲菫，可惜我沒能看到花，不過它的葉片既薄又帶有紅褐色，相當有特色。當然也有許多植株的葉子是黃綠色的，就像日本的捕蟲菫一樣，不過，這株捕蟲菫非常有意思。據說當地人就算採收了種子，從種子開始種起，也種不出紅褐色的葉子。

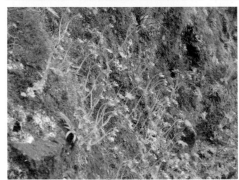

分枝捕蟲堇
(P. ramosa)

日文名稱：庚申草

日本特有種。生長於日光連峰（男體山、女峰山、庚申山、雲龍溪谷）海拔1,500公尺以上的一小塊山坡地。原生地霧氣瀰漫。植株體型嬌小，直徑約為1～2公分，分岔的花莖長約5公分，一分為二（一分為三的相當罕見）。男體山、女峰山以及庚申山的花期為六月中旬。雲龍溪谷由於海拔較低，花期為五月中下旬。開花結籽後，花莖會朝向山崖彎曲，好將種子抹在壁面上。這種奇特的生態相當有意思。

要是想去男體山，可搭車至半山腰，下車後爬山不到兩小時就能抵達原生地，不過，目前通往半山腰的林道為封閉狀態。至於女峰山，我在二十多年前曾經從東照宮後面起登過，花了五個多小時才抵達。要去庚申山則是得在山屋住一晚。這些地方都不容易抵達，不過雲龍溪谷可搭計程車至登山口，從登山口沿著平緩的林道走上兩小時就能抵達原生地，可說是最能輕鬆走到的地點。只是原生地的觀測點不僅非常狹窄，還有落石坍塌的危險，請務必多加注意。

大花捕蟲堇
(P. grandiflora)

生長於愛爾蘭島、西班牙、法國、瑞士以及北非的山區。不知是否是因為已經適應日本的氣候，這個品種在歐洲品種當中算是容易栽培的。

細角捕蟲堇
(P. leptoceras)

廣泛生長於西班牙、義大利、法國以及瑞士的山區。這個品種也跟大花捕蟲堇一樣容易栽培，也容易繁殖。

另外，照片中的植株似乎是大花捕蟲堇的變種，不是真正的 *P. leptoceras*。

長葉捕蟲堇
(P. longifolia)

廣泛分布於法國、西班牙等地的山區。葉片略窄而且挺拔為其特徵。容易栽培，也很容易繁殖。

溫帶低地性類群（美洲）

這個類群的捕蟲堇主要生長於美國、墨西哥、古巴以及歐洲的平地，
不形成冬芽，容易栽培。

寬葉捕蟲堇
（*P. planifolia*）

生長於北美地區的佛羅里達州至密西西比
州、路易斯安那州的溼地。葉片呈紅紫色
為其特徵。

黃花捕蟲堇
（*P. lutea*）

廣泛分布於北美東海岸至墨西哥灣沿岸。
雖然開的是黃花，但有些植株出現變異，
五片花瓣前端有深深的裂痕，看起來像是
十片花瓣一樣，俗稱蒲公英黃花捕蟲堇。

藍花捕蟲堇
（*P. caerulea*）

生長於北美地區的北卡羅萊納州至佛羅里
達州沿岸。

戈弗雷捕蟲堇
（*P. ionantha*）

生長於北美地區的佛羅里達州。花朵顏色
除了紫色之外，還有白色。

小捕蟲堇
（*P. pumila*）

廣泛分布於北美東海岸沿岸。花朵顏色有
紫色、淡紫色、黃色以及粉紅色等變化。
人為栽種的情況下很難進行自花授粉，發
芽率低，難以為繼。

葡萄牙捕蟲堇
（*P. lusitanica*）

廣泛生長於歐洲與北非沿岸。種子會飛散
到其他盆中自行繁殖，植株健壯。

墨克提馬捕蟲堇
(P. moctezumae)

墨西哥蒙特蘇馬溪谷特有種。花朵大而美麗。許多交配種都是以此品種作為親本培育而成。

櫻葉捕蟲堇
(P. primuliflora)

廣泛生長於北美墨西哥灣沿岸地區。重瓣品種「rose」由日本蝕友伴先生從實生苗中選出。

沙氏捕蟲堇
(P. sharpii)

生長於墨西哥的高山霧林帶。可採收到很多種子繁殖成許多盆,非常容易栽培。花朵顏色純白。

凹瓣捕蟲堇
(P. emarginata)

原產於墨西哥。由於會開出有著美麗紋路的花朵,許多交配種都是以此品種作為親本培育而成。

毛花捕蟲堇
(P. hirtiflora)

生長於義大利、阿爾巴尼亞、波士尼亞、希臘、北馬其頓以及土耳其的山區。可採收到許多種子,容易繁殖。

巨螺捕蟲堇
(P. megaspilaea)

生長於土耳其與希臘的山區。以前被歸入*P. hirtiflora*中,近幾年成為獨立物種。不太能採收到種子。

絲葉捕蟲堇
(*P. filifolia*)

生長於古巴山區。葉片細長而挺拔，形狀
特殊。

白花捕蟲堇
(*P. albida*)

生長於古巴山區。大小比沙氏捕蟲堇大上
一圈。全年開花，然而種子採收不易。

紫丁香捕蟲堇
(*P. lilacina*)

廣泛分布於墨西哥、瓜地馬拉、貝里斯以
及宏都拉斯等中美國家。外觀就像是彩色
版的沙氏捕蟲堇。然而種子採收不易，難
以為繼。

櫻葉捕蟲堇的白花

滿滿一大片的櫻葉捕蟲堇（日本國內某處）是思慮不周的蝕友種出來的。

Column

穀精草科的怪怪食蟲植物——食蟲穀精屬（*Paepalanthus*）

　　穀精草科食蟲穀精屬的植物廣泛分布於南美溫帶地區與西印度群島，目前已知約有485種。P. bromelioides會從葉片吸收蜘蛛
等掠食性動物的排遺或剩餘食物，因此在一九九四年成為食蟲植物界的新人。這是巴西米納斯吉拉斯州東南部特有的品種，生長於
海拔800～1,300公尺的高地草原。

　　食蟲穀精屬的植物與布洛鳳梨等鳳梨科植物相似，只是它的莖條肥大，在地面上形成塊
莖狀。蓮座狀葉叢的中心處呈管狀，裡面會積水。葉片將紫外線反射出去，以吸引許多獵物
前來。

　　日本國內僅有兩次進口記錄，而且引進日本的植株也因為不耐夏季高溫而枯死了。

　　從照片中也看得出來，坦白說這種植物沒有什麼園藝魅力，所以也很少有人會用心栽
種，栽培技術提升無望。

　　即使如此，日本的溼地仍有許多野生的小穀精草，一想到這個族群的植物在地球遙遠的
另一端捕食昆蟲，就不能不感到訝異。

熱帶高山性類群（墨西哥）

這個類群生長於墨西哥、瓜地馬拉、尼加拉瓜、宏都拉斯以及薩爾瓦多等中美洲山區，葉片厚實，
有如多肉植物一般。

正藍純真捕蟲菫
（*P. agnata* True Blue）

生長於墨西哥伊達爾戈州。日本從以前就
有人栽種。植株健壯，也很耐夏季高溫。
不形成冬芽。

羅伯純真捕蟲菫
（*P. agnata* El Lobo）

生長於墨西哥的El Lobo地區。夏季有些
不耐熱、不耐潮溼，冬季也需留意低溫。
花期為一月至二月。不形成冬芽。

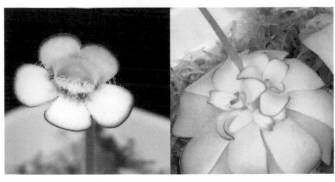

立柏瑞捕蟲菫
（*P. ibarrae*）

生長於墨西哥伊達爾戈州海拔900～
1,000公尺處。
純真捕蟲菫（*P. agnata*）的近緣種，需留
意其不耐潮溼。
不形成冬芽。

毛捕蟲菫
（*P. pilosa*）

生長於墨西哥塔毛利帕斯州。以前被稱為
sp Tamaulipas。
純真捕蟲菫與巨大捕蟲菫的近緣種。
不形成冬芽。

巨大捕蟲堇
(*P. gigantea*)

生長於墨西哥瓦哈卡州的山坡地。雖是純真捕蟲堇的近緣種，但植株直徑可達30～40公分，相當巨大，不過花朵卻很小，只有2～3公分。花朵為白色，但也有藍色的。葉片為綠色，不過也有葉片變成紅色的品系。不形成冬芽。

愛瑟氏捕蟲堇
(*P. esseriana*)

生長於墨西哥塔毛利帕斯州的山區。
這是這個類群當中最容易栽種的品種，嚴冬以外的季節就算擺在戶外會淋到雨的地方也能長得好。而且葉片被雨水打落，就成了葉插狀態，很快就會繁殖成滿滿一盆。適合新手栽種。

愛勒氏捕蟲堇
(*P. ehlersiae*)

生長於墨西哥聖路易斯波托西州。花朵為粉紅色，但也有人種植白花品種。
容易栽培，適合新手栽種。

德伯特捕蟲堇
(*P. debbertiana*)

生長於墨西哥聖路易斯波托西州。愛勒氏捕蟲堇、豪瑪維捕蟲堇以及愛瑟氏捕蟲堇的近緣種，栽培並不困難。
花期相當長，為二月至六月。

豪瑪維捕蟲菫
(*P. jaumavensis*)

生長於墨西哥塔毛利帕斯州的懸崖峭壁上。耐熱耐寒，容易栽培，可利用葉插大量繁殖。花期為二月至四月。

圓切捕蟲菫
(*P. cyclosecta*)

生長於墨西哥東馬德雷山脈、塔毛利帕斯州的石灰岩山坡上。
常在七月到九月期間開花。容易栽培，適合新手栽種。

石灰岩捕蟲菫
(*P. gypsicola*)

生長於墨西哥聖路易斯波托西州。細長的葉片會在夏季從3公分延伸為5公分，形狀相當奇特；冬季則會變成鱗片狀，以度過冬天。從休眠中醒來時要給水，不過可以等到葉片稍微展開時才給水。花期為三月至七月。容易腐爛，必須注意不可太過潮溼。

近藤捕蟲菫
(*P. kondoi*)

生長於墨西哥塔毛利帕斯州、聖路易斯波托西州的山坡地。花期為十二月至四月。不耐夏季高溫，屬於不易栽種的類別。可利用葉插大量繁殖，因此建議可在夏季之前培育許多幼苗。幼苗比母株更耐熱。

半著生捕蟲堇
（*P. hemiepiphytica*）

生長於墨西哥瓦哈卡州。花期為四月至九月。花朵與冬芽的形狀與 *P. laueana* 極為相似。

不耐夏季高溫，栽培不易，但會在冬季形成許多鱗片狀的葉子，因此最好在冬季期間以葉插大量繁殖。

勞氏捕蟲堇
（*P. laueana*）

生長於墨西哥瓦哈卡州海拔3,000公尺的霧林帶。

花期為春季。CP1品系可開出紅色的美麗花朵，因此被稱為「緋之鳥」。另外還有Crimson red flower、Sierra Mixe等品系。栽培極其困難，難以長久存活，所以最好用葉插頻繁更新。

白花墨蘭捕蟲堇
（*P. moranensis* alba 白蝶）

這是捕蟲堇當中分類最為混亂的品種之一，品種劃分方式尚未明確。

這個品種也是會開白花的未知物種，雖然被視為墨蘭捕蟲堇（*P. moranensis*）的同類，但是從花朵與冬葉的形狀看來更像是 *P. laueana*。

紅蓮墨蘭捕蟲堇
（*P. moranensis* red rosette）

這個品種基本上也是未知物種。蓮座狀葉叢會在夏季變成紅色，此為其特徵。栽培較為容易，也能利用葉插輕鬆繁殖。

弗美人墨蘭捕蟲堇
(*P. moranensis* Fraser Beaut)

南非的園藝家所培育的品種，因此其親本不明。
花期為初春至初秋，容易栽培。

直葉捕蟲堇
(*P. rectifolia*)

生長於墨西哥瓦哈卡州，花期為初春。
極為容易栽培，亦可利用葉插大量繁殖。
花朵大而美麗，極具觀賞價值。

大葉捕蟲堇
(*P. macrophylla*)

生長於墨西哥伊達爾戈州、聖路易斯波托西州。
花期為夏季。夏葉不僅大且呈鏟子狀，相當有特色。冬葉長得就像是百合的芽一樣，藏身於土中。夏季不耐熱，極難栽培。近幾年未曾聽說過有人栽種。

波托西捕蟲堇
(*P. potosiensis*)

生長於墨西哥聖路易斯波托西州。
夏葉為蓮座狀，相當有特色，光是葉片就很有觀賞價值。
容易栽培，照顧管理上需留意此品種喜愛水分，也要有充足的日照。

可里馬捕蟲堇
（*P. colimensis*）

附生於墨西哥科利馬州、格雷羅州，以及
米卻肯州的石灰岩壁。

栽培出乎意料地容易，而且不畏暑熱，只
是我從未見過有人栽種。冬芽為球根狀，
接近1公分大小，藏身於土中，因此冬季
的照顧管理或許會比夏季來得困難。

厚葉捕蟲堇
（*P. crassifolia*）

生長於墨西哥伊達爾戈州海拔2,950公尺
有遮蔭的有機土壤中。

花期為三月至六月，鮮紅色的花朵相當吸
引人。

不耐夏季高溫，極難栽培。要不是使用降
溫設備，就是得種在高海拔的地方。

無斑捕蟲堇
（*P. immaculata*）

生長於墨西哥新萊昂州海拔2,000公尺的
亞高山帶、由石膏所構成的丘陵地斜坡上。
花期為一月至三月。美麗的花朵在高約
1.5公分的花莖上綻放。

栽培困難，需留意夏季高溫與過度潮溼。

纖細捕蟲堇
（*P. gracilis*）

生長於墨西哥新萊昂州的山區。花期為一
月左右。生長期喜愛陽光與水分。不耐夏
季高溫，所以要在冬季葉插以繁殖幼苗。

米蘭達捕蟲菫
(*P. mirandae*)

生長於墨西哥瓦哈卡州，花期為一月至三月。會長出匍匐莖來繁殖的奇特生態。
容易栽培，也會開花繁衍後代。

尼法利斯捕蟲菫
(*P. nivalis*)

生長於墨西哥新萊昂州的山區。以前被稱為sp. Zaragoza，如今已正式登錄。
容易栽培，也可利用葉插大量繁殖。

圓花捕蟲菫
(*P. rotundiflora*)

生長於墨西哥塔毛利帕斯州海拔2,000公尺以上的山區。圓滾滾的花朵很有特色，相當受人喜愛。
栽培上只要留意夏季高溫就沒什麼問題。可利用葉插大量繁殖。

傑古力捕蟲菫
(*P. zecheri*)

生長於墨西哥格雷羅州。
鮮豔的藍紫色花朵極具觀賞價值。花期為四月至十一月。
雖不耐夏季高溫，但很容易栽培，可利用冬芽大量繁殖。

P. sp. Huajuapan

生長於墨西哥瓦哈卡州。
容易栽培，也相當普及。

P. sp. Yellow flower

從國外引進的個體。淡黃色的花朵於
初春盈盈綻放。

P. sp. Tehuacan

生長於墨西哥瓦哈卡州北部。外型與
愛勒氏捕蟲堇相仿，因此被認定為近
緣種。

P. sp. ANPA

生長於墨西哥伊達爾戈州海拔1,746公尺的山區。
有A、B、C、D四個品系。A、C、D容易栽培，也
相當普及。上圖為A（雪螢），右上為C，右下為D。

P. sp. Tolantongo

生長於墨西哥伊達爾戈州。在分類上
屬於愛勒氏捕蟲堇的一種形態。

P. sp. Sumidero

於墨西哥恰帕斯州的蘇米德羅峽谷國家公園採集到的個體。
有兩個品系。左為I，右II。容易栽培，也相當普及。

P. sp. Lautner 92-52

由國外業者引進的個體，詳細資訊不
明。容易栽培。

＊sp. 是目前還不確定的品種，為英文「species」之縮寫，所以無中文名稱。

84

塞提捕蟲菫
(*P.* Sethos)

P. ehlersiae x *moranensis*

威悉捕蟲菫
(*P.* Weser)

P. ehlersiae x *moranensis*

朧月
(*P.* Oborozuki)

P. agnata x *rotundiflora*

福娘
(*P.* Fukumusume)

P. zecheri x *rotundiflora*

藤娘
(*P.* Tina)

P. agnata x *zecheri*

紫金剛
(*P.* Shikongou)

P. gigantea x *cyclosecta*

華鏡
(*P.* Marchiano)

P. medusina x *weser*

陽炎
(*P.* Gina)

P. zecheri x *agnata*

都姬
(*P.* Miyakohime)

P. agnata x *jaumavensis*

P. agnata x *cyclosecta*

P. agnata x sp Huajuapan

P. agnata
x *moranensis rosei*

P. colimensis
x *cyclosecta*

P. emarginata
x *gypsicola*

P. gigantea
x *moctezumae*

P. hemiepiphytica
x *emarginata*

P. jaumavensis
x *rotundiflora*

P. moctezumae
x *debbertiana*

P. moctezumae
x sp Huajuapan

P. cyclosecta
x *moranensis ?*

P. rotundiflora
x *laueana*

P. rotundiflora
x *gracilis*

P. Tina x *emarginata*

櫻姫
(*P.* Sakurahime)
agnata x emarginata

綾泉
(*P.* Ayaizumi)
emarginata x moranensis superba

溫帶高山性類群（歐洲）

這個類群生長在歐洲與亞洲的山區，是捕蟲菫當中最難照顧的一群，絕對稱不上適合新手栽種。若是有照顧野生植物的豐富經驗，且能將日本高山植物照顧得很好，種起來或許就沒問題。

西班牙山區的高山捕蟲菫（*P. alpina*）

（1）日照

首先要把盆栽擺在日照充足的地方，但是在照顧管理上必須下點工夫，例如在夏天遮光50％，或者只有上午才擺在曬得到太陽的地方等。

（2）給水

這個類群的植物都是溼地植物，所以要用腰水來栽種。而且又是高山植物，為了替盆栽降溫，最好利用自動澆水器等設備自動加水，以免腰水的水溫升高。

（3）溫度

寒冷對這個類群來說完全不是問題，它們會長出如同百合的芽一般的冬芽，並進行休眠。這段期間當然不能讓植株沒水喝。就跟會形成冬芽的毛氈苔與產於美洲的捕蟲菫一樣，就算進入冬天也要確實遵守「不改變放置地點」、「不忘記給水」這兩件事。換句話說，一年四季都不需改變放置地點與給水方式。而且因為是高山植物，就算結凍也完全沒問題。

若是在日本栽種，四月左右開始生長，很快就會開花，然後大多會在進入梅雨季之前停止生長，長出冬芽進行休眠。休眠期間照樣放著就好，等到秋天到來，又會展開葉片開始生長。換句話說，一個季節大多會有兩次生長，不過兩次生長似乎也不成問題。

夏季期間盡量把盆栽擺在涼爽的地點，並做好防護措施，以免腰水的水溫上升。如此一來，植株就能度過日本的夏天。

（4）換盆、培養土、盆器

培養土基本上用的是水苔，但使用砂質土壤也沒問題。可將桐生砂、鹿沼土、富士砂等介質適當調配後使用。考量到夏季高溫，可儘量選用大花盆（至少是3號盆），而且最好是素燒盆。素燒盆可吸收大量的水分，利用其汽化熱即可在盛夏為盆栽降溫。

盛夏以外的任何季節都能換盆，不過最好是選在冬季休眠期間。

（5）繁殖方式（實生、苞芽）

①實生

無須特別幫植株授粉就能結出許多種子。透過播種來繁殖是一般做法。

②苞芽

若要在冬芽（苞芽）形成時將它挖出，就會發現大冬芽旁邊長出許多小冬芽。把這些小冬芽種到別的盆裡，初春的時候就會長出許多幼苗。兩年左右即可成長至母株大小。

（6）病蟲害

雖然並不常見，不過有時候會被蛞蝓啃食。尤其實生苗等幼苗更是要注意。溫帶低地性類群、熱帶高山性類群也有同樣的情況。

▌一年四季的照顧管理

	春	夏	秋	冬
放置地點	戶外	戶外	戶外	戶外
日照	陽光直射	遮光50％	陽光直射	陽光直射
給水	腰水	腰水	腰水	腰水

這個類群以產於北美地區的品種為主，是捕蟲堇當中最容易栽培的一群，適合新手栽種。以種類來說，櫻葉捕蟲堇、寬葉捕蟲堇、黃花捕蟲堇、藍花捕蟲堇、戈弗雷捕蟲堇以及小捕蟲堇這

黃花捕蟲堇的重瓣花

六種原種生長於北美平地的溼地。這些捕蟲堇生長的地方也有許多瓶子草，換句話說，我們可以用照顧瓶子草的方式來種捕蟲堇。

另外，廣泛分布於歐洲平地的葡萄牙捕蟲堇與毛花捕蟲堇、產於墨西哥的墨克提馬捕蟲堇、凹瓣捕蟲堇、沙氏捕蟲堇，以及產於古巴的白花捕蟲堇、紫丁香捕蟲堇、絲葉捕蟲堇等品種的栽培環境也幾乎都一樣，因此在本章節中一併提及。

（1）日照

照顧這個類群的第一要務，是把盆栽擺在日照充足的地方，至少也要擺在陽光直射之處半天（上午或者下午）才行。不過，巨螺捕蟲堇、沙氏捕蟲堇、白花捕蟲堇、紫丁香捕蟲堇，以及絲葉捕蟲堇則是以遮蔭半日或隔著玻璃照射陽光為佳。

（2）給水

這個類群的植物都是溼地植物，所以要用腰水來栽培。只要將購入的盆栽整個浸在水裡就行了。水深1公分左右就夠了，不過，就算比1公分還深，也不會對生長造成什麼妨礙。尤其是北美地區的品種，腰水以被水淹沒般的高度為佳。

（3）溫度

這個類群較為耐寒，但並不形成冬芽。產於北美地區的品種會在冬天停止生長，不過葉片的形狀仍然跟生長期一樣。因此，就跟會形成冬芽的毛氈苔一樣，就算進入冬天也要確實遵守「不改變放置地點」、「不忘記給水」這兩件事。不過，在極為寒冷地方必須採取保暖措施，以免結凍。

葡萄牙捕蟲堇結籽之後會自行繁殖，所以冬天也是擺在戶外就行了，等到初春降臨，往往會發現它已在旁邊的盆栽裡發芽生長，不用特地幫它繁殖。

古巴的品種與歐洲的品種一整年都會生長，所以冬天要把盆栽移進溫室，並將氣溫維持在5度到10度的範圍內。

（4）換盆、培養土、盆器

培養土基本上使用水苔就行了，最好不要使用砂質土壤。因為喜愛潮溼的環境，可充分吸收水分的水苔最為合適。盆器可使用軟盆，也可以用瓷釉盆、塑膠盆，什麼都好。盛夏以外的任何季節都能換盆，不過最好是選在冬季期間。

（5）繁殖方式（實生、不定芽、葉插）
①實生

只要在開花期幫植株授粉，就會結出許多種子。透過播種來繁殖是一般做法，也是最簡便的方式。葡萄牙捕蟲堇就算沒特別做點什麼，也會結出許多種子。只是開花過後就會衰弱枯萎，可將其視為一年生草本植物。從初夏到秋天多次開花結籽，可將種子保存起來。

②不定芽

櫻葉捕蟲堇會在葉片前端長出不定芽，很容易繁殖。等不定芽長到一定的大小（植株直徑3公分左右）就可以從母株上摘下，移植到別的盆裡。此時雖然還是幼苗，卻已長出足夠的根，所以不會有問題。

櫻葉捕蟲堇的不定芽

③葉插

只要將墨克提馬捕蟲堇、凹瓣捕蟲堇的葉片從基部摘下，擺在水苔等介質上，一個月左右就會發芽。確定已發芽且原本的葉片枯萎，就是移植栽種的時機。把它種到別的盆裡，三個月左右即可成長至母株大小。

▎一年四季的照顧管理

	春	夏	秋	冬
放置地點	戶外或溫室內			
日照	陽光直射或遮蔭半日、隔著玻璃照射陽光			
給水	腰水	腰水	腰水	腰水

熱帶高山性類群（墨西哥）

這個類群生長於以墨西哥為主的中美州山區，是捕蟲堇當中種類最為豐富且花朵變化多端的一群。以園藝植物來說，在品種改良上有很大的可能性。

栽培方式雖然也是依據類而定，不過並沒有特別難照顧的品種，大多適合新手栽種。

中生捕蟲堇（*P. mesophytica*）生長於瓜地馬拉、宏都拉斯以及薩爾瓦多海拔 2,418 公尺的山區。平貼著布滿青苔的大樹生長的姿態相當壯觀

（1）日照

這個類群在照顧管裡上的一大重點是，一整年都要遮光 30～50%，絕對不能擺在陽光直射之處栽種。換句話說，必須把盆栽在擺在溫室裡或沃德箱內。

（2）給水

生長期（春季至秋季）以腰水來栽種，但要注意不可過於潮溼，只要摸起來是溼的就行了，最好等盆栽乾了才給水。等到入秋漸有寒意之後，就要漸漸減少給水量。這樣一來，植株就會逐漸形成冬芽。巨大捕蟲堇跟純真捕蟲堇不會形成冬芽。

另外，這個類群喜愛潮溼，所以要是用噴霧器在葉片表面噴灑，植株的狀況就會很好。尤其是在夜間噴灑，效果更佳。

（3）溫度

冬季的寒冷完全不是問題，只要將氣溫維持在 5 度以上，就能度過冬天。問題在於夏季。日本最近幾年熱得不得了，所以夏天的防暑對策絕對不可少。可以的話就安裝降溫設備，但要是預算上、空間上都無法做到，那就只能在晚上把盆栽移到涼爽的地點。雖然厚葉捕蟲堇、勞氏捕蟲堇、傑古力捕蟲堇、近藤捕蟲堇等品種不耐熱，但不可思議的是，初春時葉插長

出的幼苗卻相當耐熱。料想到母株會枯死，所以用初春時葉插長出的幼苗撐過夏天，這在某個意義上也算是積極的做法。

（4）換盆、培養土、盆器

基本上是以水苔作為培養土，但也可以使用砂質土壤。另外，也可以用適當調配的桐生砂、鹿沼土、輕石以及泥炭土等介質來栽種。

（5）繁殖方式（葉插、分株、實生）

①葉插

這個類群可利用葉插繁殖成許多株，葉插時機以五月為佳。只要將已形成冬芽的葉片從基部摘下，並將基部種入水苔中，一個月左右就會生根發芽，半年過後即可成長至母株大小，相當令人訝異。

葉插　五月上旬

②分株

愛瑟氏捕蟲堇、巨大捕蟲堇以及其交配種等有時會分成好幾株，可予以適度分株。任何時期皆可進行分株。

③實生

我想這個類群很少有同好是透過播種來繁殖，不過，所有的原種與交配種都能用種子來繁殖。

▌一年四季的照顧管理

	春	夏	秋	冬
放置地點	戶外或室內	戶外或室內	戶外或室內	室內
日照	陽光直射	陽光直射（遮光50%）	陽光直射	隔著玻璃照射陽光
給水	乾了就給水	乾了就給水	乾了就給水	乾了就給水

捕蠅草屬
Dionaea

在食蟲植物當中，捕蠅草是真正有做出獵捕昆蟲動作的植物，讓人一看就知道是食蟲植物，可說是食蟲植物界最具代表性的選手。我想應該有不少人是因為捕蠅草而一腳踏入食蟲植物的世界。近來居家雜貨店和一般園藝店每到夏天都會販售捕蠅草。

雖然其名為捕蠅草，卻不是只吃蒼蠅而已。它除了蒼蠅以外，鼠婦、螞蟻以及馬陸等統統都吃。有些同好會用噴霧器噴灑稀釋十倍以上的牛奶來代替施肥，也有一些人是餵食柴魚片或起司條。

大多數的人有了捕蠅草都會忍不住去把玩葉子，只是這對捕蠅草來說非常耗費能量，要是一直這樣開開關關，植株就會衰弱枯萎。如果想看葉片如何閉合，那就給它飼料吃吧！什麼都能當飼料。配酒吃的烤雞肉串的醬汁可以當飼料，碎肉片也可以當飼料，什麼都行。

說到捕蠅草的故鄉在哪兒，其實沒多少人知道，這件事還蠻令人意外的。捕蠅草生長於北美地區的北卡羅萊納州與南卡羅萊納州郊區國道旁的溼地，就連當地的美國人也大多不知道這種奇特的植物就生長在自己的國家。或許是因為捕蠅草的外型，許多人都認為捕蠅草要不是生長在亞馬遜，就是東南亞的熱帶雨林，沒想到卻是在四季分明的北美地區，而且還是生長在平地的溼地。換句話說，捕蠅草的栽培並不困難。

捕蠅草敞開的葉片內側會分泌蜜汁，以吸引昆蟲前來。葉片內側有刺毛（感覺毛），左右兩側各三根，總共是六根。要是用鑷子或牙籤去碰觸刺毛，葉片就會迅速閉合。不過，只碰觸一次並不會有任何反應。連續給予兩次刺激，葉片才會閉合。這是因為在第一次遭受刺激時就閉合，可能只會夾到獵物的頭部，而在第三次受到刺激時才閉合，或許為時已晚，獵物早就逃之夭夭了。第二次的刺激能促使葉片閉

合，是因為獵物很可能就在葉片正中央。這或許是捕蠅草在長久的演化過程中所學到的，真是令人肅然起敬。順帶一提，第二次的刺激跟第一次的就算不是同一根刺毛也沒問題。

刺毛所受到的刺激會以電訊號的形式傳遍整個葉片，細胞內的膨壓發生變化，於是葉片就會閉合。閉合速度為 0.1 秒，相當迅速。葉片的閉合機制，是葉片翹起使得另一側彎折的挫曲現象，不同於文蛤的鉸鏈結構。

另外，在葉片閉合的那一瞬間，葉片裡面仍然有空間讓昆蟲活動。要是昆蟲被捕獲時有部分肢體——例如腳等部位——還在葉片外面，那麼昆蟲在掙扎時，就會把還在葉片外面的肢體縮進葉片裡。這可說是相當貪得無厭的機制。

捉到獵物之後，閉合的葉片裡面就會開始進行消化。葉片為了消化獵物而強力收合，要是昆蟲在裡面亂動，就會更用力收合。接著分泌消化液，以進行消化吸收。此時葉片為緊閉狀態。是的沒錯，閉合的葉片可暫時充當胃囊。

無柄腺分泌蛋白分解酶來消化小動物，以獲得貧瘠之地缺乏的氮，並分泌蛋白去磷酸酶以獲得磷酸，慢慢將獵物消化掉。捕蠅草捉到蟲子之後，會花上一週到十天左右的時間消化吸收。消化吸收完畢就會再度展開葉片，等候下一個獵物到來，不過次數以兩三次為限。要是獵物的體型太大，葉片消化吸收完畢就不再展開，而就那麼枯萎。不過，枯掉的只有葉片，植物體並沒有枯萎。陸續長出來的新葉會負責捕捉下一個獵物。

近來在春夏期間都能在雜貨店或園藝店買到捕蠅草。若想取得罕見的變種，可在同好會舉辦的特賣會或定期聚會中買到，或者透過網購或拍賣取得。另外，也可以自行進口。捕蠅草屬的植物受到《華盛頓公約》的管制（附II），進口時必須附上華盛頓公約出口許可證與植物檢疫證明書。

北卡羅萊納的各種變種

許多蝕友將捕蠅草分成蓮座型、直立型、葉片內側為紅色或全株為綠色等不同類型分門別類栽培，但是在原生地，卻是各種類型混雜生長，相當有意思。

出現變異的園藝品種

組織培養技術的副產物——在組織培養過程中出現的變異，以及從實生苗中選出的各種形態有趣的品種都相當受人喜愛。
以下介紹其中的一小部分。

紅龍捕蠅草（Akai Ryu）

一九九三年亞特蘭大植物園選出的品種。

京都紅捕蠅草（Kyoto red）

京都的光田先生從實生苗中選出的品種。

鯊魚齒捕蠅草（Shark teeth）

G16 Slack's Giant

海神捕蠅草（Triton）

紅色食人魚捕蠅草（Red piranha）

紅龍 x 鯊魚齒
一九九六年在加州育出的品種。

大嘴捕蠅草（Big mouth）

鱷魚捕蠅草（Crocodile）

漏斗捕蠅草（Funnel Trap）

杯夾捕蠅草（Cupped Trap）

金正恩捕蠅草（Kim Jong-un）

狼人捕蠅草（Werewolf）

極限融齒捕蠅草
（Fused Tooth Extreme）

B52捕蠅草

貝殼捕蠅草 （Coquillage）

怪異男爵捕蠅草 （Wacky Traps）

Dr No Trap

怒齒捕蠅草 （Bristle Tooth）

Z11捕蠅草

鏡像捕蠅草 （Mirror）

天使之翼捕蠅草 （Angelwings）

La Grosse à Guigui

微齒捕蠅草 （Microdent）

和諧捕蠅草 （Harmony）

從植物學上來說是一屬一種。從園藝品種的角度看來，則是從以前就分成葉片直立型以及葉片呈放射狀擴展的類型等。

另外，近年來市面上有許多在組織培養過程中誕生的變種，相當受到喜愛。

（1）日照

這種植物的外型讓人以為它「悄悄生長在熱帶雨林深處」，所以很多人會把盆栽擺在遮蔭處或室內，或者冬季將溫度提高等，採取了錯誤的栽培方式。

買到之後的第一要務，是把盆栽擺在日照充足的地方。一聽到捕蠅草生長於美洲平地，許多人都會大吃一驚。換句話說，捕蠅草所生長的地方，就跟日本一樣四季分明，所以冬天完全不需要幫它保暖，而且一整天都要充分照射陽光。種植捕蠅草不需要任何特殊設備。

（2）給水

就跟其他食蟲植物一樣，基本上是以腰水來栽種，只是腰水不可太深。如果是3號盆以上的大花盆，1公分左右的腰水就已足夠。要是有辦法經常澆水，那麼不用腰水，改成每天從植株上方澆水的話，植株會長得更好。

（3）溫度

前面提過，捕蠅草生長於北美平地，因此到了冬天會停止生長，進行休眠。許多人看到這種情況都會以為植株已經枯死就不種了。不過，這就跟秋季停止生長並形成冬芽的毛氈苔一樣，要記得「不改變放置地點」及「不忘記給水」這兩件事。

Bohemian Garnet

順帶一提，雖然稍微結凍並不會有問題。但是在極為寒冷的地方，就得要有防護措施，例如把盆栽放入沒有加熱功能的箱子裡等，以免凍得硬梆梆的。

至於夏季的照顧管理，坦白說，日本的夏天太熱了。我在二〇一二年八月前往美洲的原生地參觀時，雖然白天感覺比日本還熱，但是到了晚上，氣溫大幅下降，清晨的氣溫則是17度。日本的夏天很難像這樣，所以防暑對策就很重要，例如在傍晚時從植株上方澆灌足夠的水分、讓白天升溫的盆內溫度降下來，或者留意腰水的水溫會不會太高等。

初夏白花綻放，夏季至秋季大量結籽，同時植株也會變得衰弱。因此，要是不打算採收種子，建議可在花開數日後將其切除。

（4）換盆、培養土、盆器

捕蠅草的根部朝下直直伸展，所以要盡可能使用縱長型的盆器。至少也要有10公分。盆器可使用軟盆，也可以用瓷釉盆、塑膠盆，什麼都好。我曾看過某個同好用兩公升寶特瓶充當盆器，把植株養得很好。簡而言之，花盆的直徑（尺寸）不重要，深度才是重點。

至於培養土，用水苔來種完全沒問題，只是水苔的價格比其他介質來得貴，因此，在瓶子草的章節中提過的以椰纖土為主的培養土就能派上用場。

使用纖維細緻的椰纖土（S尺寸）加入珍珠石、鹿沼土以及剪碎的水苔適當調配而成的培養土來種的話，效果很不錯。關於用椰纖土栽培時的重點，請參考瓶子草的頁面。

想種捕蠅草的話，就要知道捕蠅草每年都得換盆。培養土腐敗的話當然就不用說了，就算沒有腐敗，也一定要每年換盆，才能跟這種植物長長久久。換盆時機以一月至二月的休眠期為佳，但就算是在秋天以後換盆，也不會有什麼問題。

（5）繁殖方式（分株、葉插、實生）

①分株

分株是最簡單的繁殖方式。要是在進入秋天後換盆時看到生長點似乎分開了，就用雙手把它扳開。不需用力就能輕鬆扳開的時候，就是分株的好時機，沒有必要勉強扳開。

將植株從盆器裡取出

分成三株

以水苔包覆根部

將植株從盆器裡取出，分株後摘除老舊葉片，用水將根部清洗乾淨之後，以新的培養土（水苔等）種入盆中。

②葉插

初春時分從葉柄處摘下葉片，插進水苔等介質裡，一個月左右就會冒出新芽。只要將葉柄插進水苔裡，稍微有蓋住的程度就行了。有時在換盆時會不小心把葉片弄掉，掉落的葉片可拿來葉插。

③實生

種子繁殖以採收後立刻播種為佳。雖然有些種子很快就會發芽，但一般都是在隔年春天發芽。長出三片本葉，可移植到2號盆大小的盆器裡，隔年更加成長茁壯，就移植到3號盆裡，再過　年也同樣要換盆。像這樣每年勤於換盆，發芽後第五年就能成長至母株大小。另外，要是在冬季將溫度提高，大約三年就能成長至母株大小。

實生繁殖不同於分株或葉插，有可能長出各種不同類型的植株，對蝕友來說或許是一種樂趣。

第三年的實生苗

（6）病蟲害

留意病毒感染。尤其市面上有大量的瓶苗流通，許多品種的植株較為脆弱。病毒有可能像瓶子草一樣，透過蚜蟲等昆蟲傳播，所以要在初春時噴灑毆殺松等藥劑。

另外，輪斑病會讓葉片產生黑色斑點。要是捕蠅草的葉片出現黑色斑點，就要噴灑庵原達克靈來防治。

▍一年四季的照顧管理

	春	夏	秋	冬
放置地點	戶外	戶外	戶外	戶外
日照	陽光直射	陽光直射（遮光30%）	陽光直射	陽光直射
給水	腰水	腰水	腰水	腰水

狸藻屬（狸藻、挖耳草）

Utricularia

美國北卡羅萊納州的角狀狸藻（*U. cornuta*）

狸藻屬的植物可以分成漂浮於水中與生長於溼地這兩種類型，就跟貉藻屬一樣。前者的日文名稱為狸藻，後者則被稱為挖耳草。雖說如此，它們的捕蟲機制與消化機制雖然略有差異，但幾乎是一樣的。

漂浮於水中的狸藻家族並不扎根於土裡，只是在沼澤或池塘裡漂浮，或者緊貼在溼地上生長。

日本亦可見到狸藻的蹤跡，且被冠以狸藻、野狸藻、小狸藻、姬狸藻、房狸藻、犬狸藻、糸狸藻、大狸藻、谷地小狸藻等獨特的名稱。毛茸茸的狸藻看起來就像是狸貓的尾巴似地，所以才會被這麼稱呼。

狸藻的生長範圍廣闊。貉藻雖然也是水生食蟲植物，然而其原生地已不復存在，狸藻的原生地卻遍布日本全國。狸藻有時會生長在沼澤或池塘等處，有機會可以仔細找看。

狸藻有時也會在休耕田重現江湖，讓人不得不驚訝於其生命力之強韌。

日本靜岡縣的鶴池等地（因為鶴池以外的地方也有）有品種不明的狸藻大量繁殖，其花莖上有輪生的浮標狀葉片，也稱為「浮囊」（float）。以前被認為是浮囊狸藻（*U. inflata*。日本名稱為柄膨

靜岡縣鶴池的柄膨狸藻，兵庫、大阪亦有其蹤跡

狸藻），然而基因檢測與形態觀察結果均顯示不是浮囊狸藻。雄蕊的形狀跟分布於南美阿根廷的普拉塔狸藻（*U. platensis*）很像，但是捕蟲葉的位置等特徵明顯不同，所以不是普拉塔狸藻。由於這個品種並不結籽，有學者認為或許是只會進行營養繁殖的雜交體，但是親本不明。

日本的狸藻會形成冬芽，亞熱帶到熱帶地區的則是一整年都會生長，並不形成冬芽，因此栽培方式也得分開來考量。

生長於溼地的挖耳草家族在日本有挖耳草（耳搔草）、齒萼挖耳草（紫耳搔草）、短梗挖耳草（穗咲耳搔草），以及斜果挖耳草（姬耳搔草）。由於挖耳草、齒萼挖耳草的萼片在開花之後看起來很像用來清潔耳朵的挖耳勺，故有此名。日本的溼地也能見到挖耳草家族的蹤跡，幾乎都跟圓葉毛氈苔、小毛氈苔生長在同一處。

尖葉狸藻（*U. subulata*）原本是國外品種，如今卻在東海地方的溼地生長。慶幸的是並未對其他植物造成影響，但還是希望以後不會再有這樣的事情發生。

國外也有一些品種依附於樹木等處，且會開出有如洋蘭般的大型花朵。

狸藻的捕蟲機制

細碎的葉片上有許多小小的捕蟲囊，可將水蚤

群馬縣館林市的狸藻原生地

並結出捕蟲囊來捕捉獵物。捕蟲囊基本上跟狸藻是同樣的構造，就連動作機制也是一樣，不過，天線與觸鬚的形態比狸藻更加多樣化。此外，有些品種有觸發毛，有些則沒有。澳洲的四萼狸藻節當中的物種，其捕蟲囊並未形成負壓，因此不會將蟲子吸入，而是等候水生動物自行進入。

　　至於消化酶，目前已知有分泌蛋白分解酶來消化小動物，以獲得貧瘠之地缺乏的氮，也有分泌蛋白去磷酸酶等，以獲得磷酸。另外，連同水一起吸進去的細菌也對消化有所貢獻。

等微生物吸入其中。這個吸入微生物的機制可說相當巧妙。捕蟲囊平常處於負壓狀態，開口處有門封住。開口處上方有名為天線的枝條（多數品種都會一分為二），開口處的旁邊到下方則有名為觸鬚的枝條（多數品種並未分枝），觸鬚比天線來得短。一般認為，這些突出的枝條可誘使水生動物從開口處進入。另一方面，門上有四根細毛，名為觸發毛。水生動物一碰到觸發毛，開口處的門就會因為槓桿作用而被施力朝內開啟，於是水生動物就會連同水一起被吸入處於負壓狀態的捕蟲囊中。這就跟用定量吸管吸水的原理一樣。

　　這個門的開闔純粹是物理現象（換句話說，門是因為槓桿原理而開啟，並連同水一起將獵物吸入），並不是被某種刺激所驅動，所以捕蟲囊會一直吸入蟲子，直到滿了為止。

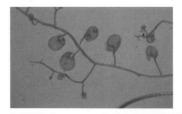

長葉狸藻（*U. longifolia*）捕蟲葉的顯微鏡照片

澳洲約克角半島的短梗挖耳草（*U. caerulea*）

挖耳草的捕蟲機制

　　挖耳草的捕蟲機制基本上跟水生性的狸藻一樣，不過挖耳草會在土裡長出無葉也無莖的特殊器官，

弓形狸藻（*U. arcuata*）的原生地

翠雀狸藻（*U. delphinioides*）的原生地，廣泛分布於中南半島

（1）水生性類群（狸藻家族）

漂浮於水中的類型。

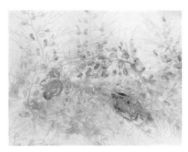

U. x japonica
日文名稱：狸藻

這是這個類群最具代表性的品種，分布於日本各地的漂浮性狸藻。形成球狀冬芽以越冬。近幾年已被證實是犬狸藻與大狸藻的交配種。

南方狸藻
（*U. australis*）
日文名稱：犬狸藻

分布於歐亞大陸、非洲、大洋洲以及日本各地。形成新月狀冬芽。

U. australis f. *fixa*
日文名稱：銚子狸藻

分布於日本太平洋沿岸與九州。為沉水性，而非漂浮性。生長於淺沼澤地。原生地以千葉縣銚子最為知名。

細葉狸藻
（*U. minor*）
日文名稱：姬狸藻

生長於包含日本在內的亞洲、歐洲及北美地區的沉水性小型品種。花朵為淡黃色。

異枝狸藻
（*U. intermedia*）
日文名稱：小狸藻

廣泛分布於歐洲、包含日本在內的亞洲，以及北美地區的沉水性狸藻。除了水中莖以外，還會長出地下莖。捕蟲僅仰賴地下莖，水中莖並沒有捕蟲囊。

條紋狸藻
（*U. striata*）

生長於北美東南部的漂浮性狸藻，從沼澤到淺灘溼地的廣大範圍都可見到其蹤跡。一整片黃澄澄的花海相當壯觀。

U. minor f. *terrestris*
日文名稱：小姬狸藻

分布於新潟與北海道。生長在有泉水滴落的岩地，而非沼澤或溼地。

輻射狸藻
（*U. radiata*）

生長於北美地區。開花時會長出浮囊，為花莖提供支撐。

雙形花狸藻
（*U. dimorphantha*）
日文名稱：房狸藻

分布於秋田、岩手、新潟與滋賀的日本特有種。捕蟲囊數量不多，乍看之下像是普通水草。

黃花狸藻
(*U. aurea*)
日文名稱：野狸藻

分布於溫帶到熱帶的廣大範圍內。日本關東以南、關西、四國以及九州亦可見到其蹤跡。不形成冬芽，以種子越冬。

少花狸藻
(*U. exoleta*)
日文名稱：糸狸藻

分布於東南亞、非洲，以及日本近畿、沖繩。不會形成冬芽，可以抵禦冬季寒冷而越冬。

絲葉狸藻
(*U. gibba*)
日文名稱：大花糸狸藻

分布於南北美洲與非洲。不知為何在日本的沼澤繁茂滋長的外來物種。植株健壯，容易栽培。

浮囊狸藻
(*U. inflata*)

生長於北美地區。開花時形成浮囊，為花莖提供支撐。

巨根狸藻
(*U. macrorhiza*)
日文名稱：大狸藻

生長於東北亞與北美地區。日本則是生長於北海道。冬芽大如紅豆。

赭白狸藻
(*U. ochroleuca*)
日文名稱：谷地小狸藻

生長在包含日本在內的東北亞、歐洲以及北美地區。小狸藻與姬狸藻的自然雜交種。跟小狸藻一樣會長出水中莖與地下莖，不過水中莖也有捕蟲囊。

紫狸藻
(*U. purpurea*)

廣泛分布於北美地區。植株整體為紫紅色，花也是紫色。不形成冬芽。

葉狀狸藻
(*U. foliosa*)

分布於撒哈拉拉沙漠以南的非洲、馬達加斯加，以及美國南部到阿根廷的大型品種。

斑點狸藻
(*U. punctata*)

分布於緬甸南部、中南半島到婆羅洲，以及蘇門答臘。
花莖上有浮囊，就跟浮囊狸藻一樣。

（2）溼地性類群（挖耳草家族）

①一整年都種在戶外

挖耳草
(*U. bifida*)
日文名稱：耳搔草

針狀葉片沿著地面生長的小型挖耳草，可開出7公分大小的黃花。分布於北海道以外的日本各地。

短梗挖耳草
(*U. caerulea*)
日文名稱：穗咲耳搔草

分布於包含北海道在內的日本各地。紫色花朵像是跟花莖緊緊相依般地盛開。飛散的種子輕輕鬆鬆就能像雜草般大量生長。

齒萼挖耳草
(*U. uliginosa*)
日文名稱：紫耳搔草

分布於包含北海道在內的日本各地。紫色的花朵楚楚動人，可利用種子大量繁殖。也有蝕友另外區分出白花品種。

斜果挖耳草
(*U. minutissima nipponica*)
日文名稱：姬耳搔草

廣泛分布於東南亞與澳洲，日本則見於愛知、岐阜等地的一小塊區域。花朵大小為1～2公釐、花莖為20公釐的極小植物。

沃伯格狸藻
(*U. warburgii*)

原產於中國南方。短梗挖耳草的近緣種，可開出藍紫色的花。由於花朵形狀類似而被暱稱為「海天使挖耳草」。

雙岔狸藻
(*U. dichotoma*)

原產於澳洲。花朵為深紫色，尺寸較大。耐熱又耐寒，植株健壯，可當成雜草一樣地來栽種。

砂石狸藻
(*U. arenaria*)

分布於撒哈拉沙漠以南的非洲、馬達加斯加以及印度。雖是熱帶植物，但一整年都能種在戶外。到了十一月也還是會繼續開花的強健品種。

尖葉狸藻
(*U. subulata*)

分布於南北美洲到非洲的廣大範圍內。近年來在日本、葡萄牙等地都被認為是歸化植物。花朵為黃色，花冠下唇三淺裂，但大多為閉鎖花。飛散的種子輕輕鬆鬆就能像雜草般大量生長。

角狀狸藻
(*U. cornuta*)

原產於北美地區。葉片為線狀，挺拔的花莖頂端有許多1.5公分大小的黃色小花盈盈綻放，散發出蘋果餡餅般的強烈香味。耐熱又耐寒的強健品種，若是在日本栽種，一整年都能種在戶外。

②一整年都種在溫室裡

利維達狸藻
(*U. livida* Africa)

分布於非洲南部與馬達加斯加。植株健
壯，容易繁殖，而且也很耐寒。要是在溫
暖的區域栽種，一整年都能種在戶外。

U. livida Mexico

這個品種所開出的花比非洲品種來得大。
不耐寒，最好一整年都種在溫室裡。

U. livida Lemon flower

生長於尚比亞。植株健壯，不過，冬季要
保暖到不至於結凍的程度。最好要有充足
的日照。

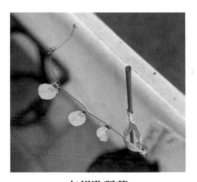

布朗歇狸藻
(*U. blanchetii*)

原產於南美巴西，可開出許多淡紫色花
朵。其中有些品系的花帶有香草般的些微
香氣。

海妖女狸藻
(*U. parthenopipes*)

生長於巴西巴伊亞州的高原地帶。國外業
者誤以為是開白花的布朗歇狸藻而將其引
進日本。

雙鱗片狸藻
(*U. bisquamata*)

原產於非洲南部，過去曾以*U. capensis*這
個名稱在市面上流通。

金花狸藻
(*U. chrysantha*)

原產於澳洲北部。花莖挺拔，高度約有20
公分的大型品種。不耐寒，冬季氣溫必須
維持在10度以上。開花結果後枯萎。

翠雀狸藻
(*U. delphinioides*)

分布於泰國至中南半島的範圍內。種子在
氣溫高時才會發芽，在日本栽種不易結果。

獨花狸藻
(*U. uniflora*)

廣泛分布於澳洲東部。容易栽培，冬天只
要將氣溫維持在10度以上就沒問題。一
整年都要放在溫室裡照顧管理。

杏黃狸藻
(*U. fulva*)

原產於澳洲北部。冬季期間最好將氣溫維持在15度以上。形狀特殊的花朵相當引人注目。

單純狸藻
(*U. simplex*)

原產於澳洲西南部。生長於道路兩旁的水溝等潮溼的土地上。

三齒狸藻
(*U. tridentata*)

原產於南美洲。日本國內相當普及的小型品種。雖然耐寒，但冬季要保暖到不至於結凍的程度。

雙裂苞狸藻
(*U. calycifida*)

生長在南美委內瑞拉的大薩瓦納。葉片大且有紅色脈紋。不耐寒，冬季氣溫必須維持在15度以上。

多裂狸藻
(*U. multifida*)

廣泛分布於澳洲西南部。當地的多裂狸藻如同雜草般地繁殖，然而在日本卻僅有零星幾株開過花。

巴布狸藻
(*U. babui*)

禾葉狸藻（*U. graminifolia*）的近緣種，分布於印度西部與泰國北部這兩個不相連的地方。花朵為藍紫色，大小接近1公分。有些不耐熱，生長緩慢卻很容易結果。

小白兔狸藻
(*U. sandersonii* White flower)
日文名稱：兔苔

原產於南非。花朵形狀看起來就像是兔子的臉，因此相當受到喜愛。植株健壯，容易繁殖，很會開花。冬天只要保暖到不至於結凍的程度就夠了。

小藍兔狸藻
(*U. sandersonii* Blue flower)

比白花品種更耐寒。植株健壯，容易繁殖，但很少開花。就算開花，也很少會像白花品種那樣同時盛開。

側花狸藻
(*U. lateriflora*)

原產於澳洲。冬季只要保暖到不至於結凍的程度就能越冬。植株健壯，容易繁殖。

絨毛狸藻
(*U. pubescens*)

廣泛分布於中南美洲、非洲，以及印度。相當耐寒，冬季只要將氣溫維持在5度以上就沒問題。

異萼狸藻
(*U. heterosepala*)

原產於菲律賓。不耐寒，冬季氣溫必須維持在15度以上。
溫度夠高就會經常開花，容易繁殖。

禾葉狸藻
(*U. graminifolia*)

原產於印度與東南亞。日本從以前就有人栽種，植株耐寒且容易繁殖。

斜果狸藻
(*U. minutissima nigricaulis*)

廣泛分布於東南亞與澳洲北部。日本國內有引進原產於馬來西亞、稍微大型的深紫色品系。婆羅洲當地常可在道路兩旁的積水處見到其蹤跡。相當耐寒，冬季只要將氣溫維持在5度以上就沒問題。

鄧斯坦狸藻
(*U. dunstaniae*)

分布於澳洲北部的熱帶地區。細細長長的花瓣如同天線般地延伸。日本國內有人從種子種起，同節物種刺花狸藻（*U. capilliflora*）則是有過開花的例子。

洛瑞狸藻
(*U. lowriei*)

分布於澳洲北部的熱帶地區。細細長長的花瓣如同天線般地延伸。筆者二○一四年在澳洲進行調查時，曾在約克角半島看到這個品種。

孟席斯狸藻
(*U. menziesii*)

廣泛分布於澳洲西南部。葉片呈放射狀從中心處長出，初春九月時開出紅花。此品種的特徵是乾季會形成塊莖。
筆者所看到的原生地是布滿青苔的岩地，不知是因為下雨還是有泉水湧出的緣故相當潮溼，溼得讓人無從想像乾季會是什麼模樣。
想要進口此品種並不困難，只是幾乎沒有人可以把它種到開花。生長期（以日本來說是十一月以後）雖然會長葉子，卻不開花就進入休眠期，然後枯萎。
基本栽培方式應該跟會形成塊莖的毛氈苔完全一樣，但是不是有什麼訣竅呢？今後還是得繼續在錯誤中學習吧！

（3）附生性類群（挖耳草家族）

生長於南美洲，有著洋蘭般的大型花朵。

高山狸藻
（*U. alpina*）

生長於中美洲與南美洲的高山帶，可開出白色大型花朵。地面下有儲水球，可度過乾季。

阿斯普倫德狸藻
（*U. asplundii*）

分布於哥倫比亞與厄瓜多的高山帶。

坎貝爾狸藻
（*U. campbelliana*）

分布於蓋亞那高原的小型品種。地面下有儲水球，可度過乾季。栽培極其困難。

恩德雷斯狸藻
（*U. endresii*）

分布於哥斯大黎加、厄瓜多、巴拿馬以及哥倫比亞。地面下有儲水球根，可度過乾季。

洪堡狸藻
（*U. humboldtii*）

蓋亞那高原特有種。在鳳梨科植物的積水處水生或者半附生，有時也會在溼地生長。以弧形走莖繁殖。

長葉狸藻
（*U. longifolia*）

原產於巴西。有許多細細長長的葉片，初春時開出紅紫色的大型花朵。這是這個類群當中最容易栽培的品種。

荷葉狸藻
（*U. nelumbifolia*）

原產於巴西。在鳳梨科植物的積水處水生或者半附生，有時也會在溼地生長。稀疏的葉片形似荷葉，淡紫色的花朵帶有粉色。容易栽培，以弧形走莖繁殖。

大腎葉狸藻
（*U. reniformis*）

原產於巴西。有許多形似荷葉的大葉片，初春時，會開出淡紫色的大型花朵。容易栽培。

奎爾奇狸藻
（*U. quelchii*）

原產於南美洲東北部。深紅色的花朵相當受人喜愛。栽培困難。

狸藻屬的植物分成以下四個類群來解說。

1. 水生性類群
2. 溼地性類群（一整年都種在戶外）
3. 溼地性類群（一整年都種在溫室裡）
4. 大型附生性類群

另外，有關夏季會以塊莖進行休眠的孟席斯狸藻，請參考塊莖毛氈苔的章節。

水生性類群

以下針對狸藻屬的植物當中生長於水中的類群（狸藻家族）來說明如何栽培。這些栽培方式也適用於貉藻，但更詳細的解說請參考貉藻的頁面。

（1）選擇盆器

狸藻是生長在水中的植物，並不是要種在花盆裡，所以要準備的是水桶或水缸。

什麼都可以當成容器，不過，最好選擇不容易壞又能長久使用的。可以用火盆，也可以用塑膠桶、保麗龍盒，什麼都好。盡量選擇又大又深的容器，栽培環境才會穩定。直徑必須大於30公分，深度也要比30公分來得深。

如果種的是沉水性的狸藻（銚子狸藻、小狸藻、谷地小狸藻，以及姬狸藻等），可將水深再調整2公分左右。

用塑膠桶種絲葉狸藻

（2）日照

要有充足的日照，至少要照射半天陽光。環境適應後即可分株繁殖，一株可分成二十株以上來繁殖。

滿滿一大片的斑點狸藻

（3）培養土

容器準備好之後，在底部倒入10公分左右的田土等介質後盛水。要是有雜質浮起，就動手取出。接著把從雜貨店買到的香蒲、花菖蒲或睡蓮等植物一起種進去，就準備完畢了。將容器擺在日照充足的地方二到三週，要是培育出水蚤等生物，就是最理想的狀態。

像這樣將栽培環境準備好之後，就可以把狸藻放進去了。市面上販售的狸藻通常會連同水一起裝在袋子裡，最好連袋子裡的水也一起倒進去。

（4）溫度

會形成冬芽的品種只要照樣擺在戶外就行了。黃花狸藻為熱帶品種，並不形成冬芽，而是靠開花結籽越冬。另外，絲葉狸藻也會留下部分葉片越冬，到了春天才又開始生長。

產於美洲的輻射狸藻、浮囊狸藻、紫狸藻以及條紋狸藻等也不是熱帶品種，原本生長於北美地區，瓶子草與捕蠅草也生長於同一處，因此自然可越冬，到了初春又是一片欣欣向榮的景象，但要是有種植熱帶睡蓮等植物，冬季最好讓它在那裡越冬。

（5）水質管理與水綿防治

要是能取得稻草的話，可將稻草剪成10公分大小，放進水族箱裡。雖然水會變得黃濁，不過沒關係。在一開始打造水族箱的環境時就這麼做，或許會比較好。要是這麼做仍然有水綿增生，最好是把水換掉。或者就讓水綿在水族箱裡大量繁殖，等繁殖到一個極限之後，才把呈地毯狀的水綿拿起，一次清光光。

另外，也可以使用藥劑或燒明礬，雖然我並不推薦這個做法。除此之外，要是另外還有一個用來種狸藻的水族箱，而且裡面沒有水綿繁殖，那麼用這個水族箱的水來種也是個可行的做法。要是水族箱裡面有水蚤等生物繁殖，很可能就能避免水綿增生，水質得以保持穩定。此外也可以用田螺或稻田魚等魚貝類來清除水綿。這麼看來，要是沒有水綿增生的問題，栽培狸藻與貉藻絕非難事。如果可以，建議要有兩個以上的水族箱。

狸藻在冬季會形成冬芽、沉至底部，以度過冬天，所以只要留意水夠不夠就行了。就算結凍也沒關係。

（6）無須用到水族箱的栽培方式

種植狸藻的一個難處是必須準備大水缸。因為很占空間，許多人往往不敢嘗試。接下來要介紹一個頗為創新的做法，就是把狸藻放進小瓶子裡種，如同右圖所示。

首先要準備果醬或即溶咖啡等產品的空瓶。將未經調整的泥炭土與市售的軟水礦泉水倒進鍋子裡加熱，沸騰後熄火，放涼之後就成了魔法水。將魔法水

倒入空瓶，在瓶底放一點煮過的泥炭土，接著放入狸藻、蓋上瓶蓋就行了。

接下來只要把瓶子擺在曬不到太陽的室內明亮處即可。瓶子是透明的，因此可觀察到狸藻的生態與葉片形狀，不用擔心水綿增生，不會有蚊蟲孳生，而且也不占空間，可以好好享受種植狸藻的樂趣。

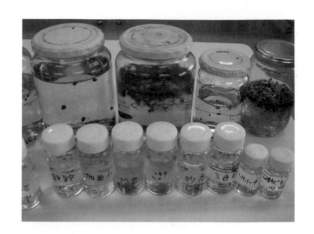

▋一年四季的照顧管理

	春	夏	秋	冬
放置地點	戶外	戶外	戶外	戶外
日照	陽光直射	陽光直射	陽光直射	陽光直射
給水	充分給水	充分給水	充分給水	充分給水

姬狸藻的原生地

U. x *bentensis*（*intermedia* x *minor*）

生長於溼地的狸藻在日文裡稱為挖耳草。日本有挖耳草（耳搔草）、短梗挖耳草（穗咲耳搔草）、齒萼挖耳草（紫耳搔草），以及斜果挖耳草（姬耳搔草）這四個原生種，此外還有雙岔狸藻、尖葉狸藻、沃伯格狸藻、砂石狸藻，以及角狀狸藻等國外品種也跟日本品種一樣，可以一整年都種在戶外。

（1）日照

栽種這個類群必須要有充足的日照。坦白說，可以當成雜草來種。就算放著不管，這個類群的植物也會自行以種子繁殖，體質強健，甚至還會入侵到瓶子草或毛氈苔的花盆裡。

（2）給水

這個類群的植物都是溼地植物，所以要用腰水來種。就算浸在比較深的腰水裡，也能充分生長。長到花盆外面的植物體，常會在水盤裡呈現塊狀並冒出花莖。

（3）溫度

日本品種從夏季到秋季就會陸續開花，結出許多種子後自行播種到各個花盆裡，所以照樣放著就好。植物體本身會枯萎，換句話說，這是一年生草本植物。隔年初夏發芽，很快就成長為能夠開花的成株，相當厲害。

尖葉狸藻、沃伯格狸藻，以及砂石狸藻等國外品種也會結籽，因此可採取跟日本品種一樣的做法。

雙岔狸藻與角狀狸藻並不結籽，到了冬天會停止生長。等到春天來臨，就會開始生長。也就是說，並不需要特別幫植株保暖，或者採取什麼防護措施。

（4）換盆、培養土、盆器

盆器只要用塑膠盆或軟盆就行了，培養土可使用水苔與泥炭土。這個類群的狸藻幾乎都是一年生草本植物，所以不需要換盆。

（5）繁殖方式（實生、分株）

這個類群的狸藻一整年都要擺在戶外日照充足的地方，可以跟瓶子草或者會形成冬芽的毛氈苔放在同一處照顧管理。

日本品種與尖葉狸藻、沃伯格狸藻，以及砂石狸藻都是一年就完成生長，所以要是採收到種子，就播種到附近的捕蠅草、瓶子草或毛氈苔的花盆裡吧！這麼一來，隔年初夏就有許多欣欣向榮的狸藻可以欣賞。

另外，雙岔狸藻與角狀狸藻的植物體成長繁殖得很快，所以要適度分株，用水苔等介質包覆著種入其他花盆裡就會扎根生長，一點也不費工夫。

挖耳草

入侵到瓶子草盆裡的沃伯格狸藻

▌一年四季的照顧管理

	春	夏	秋	冬
放置地點	戶外或溫室裡			
日照	陽光直射或遮蔭半日、隔著玻璃照射陽光			
給水	腰水	腰水	腰水	腰水

這個類群的狸藻生長在比較溫暖的區域到熱帶地區的範圍內，廣泛分布於東南亞、南非，以及北美南部與澳洲。

這個類群基本上不耐寒，因此必須用溫室或水族箱來保暖，或者採取防護措施，使其不至於結凍。

產於南非的利維達狸藻（*U. livida*）

（1）日照

雖然第一要務是把盆栽擺在日照充足的地方，但為了避開盛夏的炎熱陽光，最好要遮光50％以上。盛夏以外的季節也要遮光30％左右，植株才會長得好。

（3）溫度

這個類群的狸藻是亞熱帶到熱帶的植物，所以冬天要收進溫室、沃德箱或水族箱裡，並且將氣溫設定在10度以上為其保暖。產於澳洲北部熱帶地區的杏黃狸藻、雙裂苞狸藻等品種則是要把氣溫維持在15度以上。除此以外的品種較為耐寒，只要保暖到不至於結凍的程度（最低5度左右），就能度過冬天。

（4）換盆、培養土、盆器

使用3號大小的一般花盆以水苔種植，排水狀況要好。用4號大小的淺盆來種或許也不錯。這個類群的狸藻在葉子長滿整盆的時候就會開花，所以不要用太大的花盆，用小花盆來種比較好。

（5）繁殖方式（分株）

溼地性類群會用植物體來擴張繁殖，所以當整個花盆都長滿的時候，就要適度分株繁殖。大型附生性類群也是用分株來繁殖會比較快。

刺花狸藻（*U. capilliflora*）
分布於澳洲北部

顛倒狸藻（*U. resupinata*）
廣泛分布於加拿大、美國東北部到中美洲的範圍內

▌一年四季的照顧管理

	春	夏	秋	冬
放置地點	室內	戶外或室內	戶外或室內	室內
日照	陽光直射	陽光直射（遮光50％）	陽光直射	隔著玻璃照射陽光
給水	腰水	腰水	腰水	腰水

狸藻屬的植物大多是清新可愛的類型，不過，有部分產於中南美洲的卻有著大葉片以及如同洋蘭般嬌媚的花朵。這個極具園藝價值的類群被稱為大型狸藻，與一般小型品種有所區別。

大型狸藻是中南美洲熱帶高山的半附生或附生植物。要是像低地性的地生種那樣地以水苔種在淺盆裡並且用深的腰水來給水，那可是不會成長的。要種在又大又深的花盆裡，水苔不可過於緊實。用腰水來種是可以，只是要設法避免太過潮溼，用淺淺的腰水就好。培養土以水苔為佳。高山狸藻、恩德雷斯狸藻，以及奎爾奇狸藻極不耐溼，不知道該給多少水的人只要使用椰纖土，或是用有開側孔的蘭花盆或吊盆來種，就容易得到好結果。相反地，長葉狸藻、荷葉狸藻，以及洪堡狸藻喜愛水分，可按照溼地性類群的方法來種。

由於地下部發達，換盆時也不需要將培養土移除，只要配合植株的成長換成較大的花盆，或者予以分株，除了繁殖之外也能順便更新培養土。要是培養土嚴重腐敗，或是植株繁殖得很慢，可將植株連同培養土一起浸在水桶裡，然後用水管來沖，一點一點地將培養土移除，小心不要傷到植株的地下部，接著用新的培養土栽種。

（1）日照

雖然第一要務是把盆栽擺在日照充足的地方，但為了避開盛夏的炙熱陽光，最好要遮光50％以上。盛夏以外的季節也要遮光30％左右，植株才會長得好。

許多品種都不耐熱，所以夏天要盡量把盆栽擺在涼爽的地方。

（2）給水

這個類群的狸藻可以適應一定程度的乾燥，而且植株也算大型，要是用腰水來種，只要淺淺的就好。可以的話就從植株上方澆水，兩天一次就夠了。荷葉狸藻與洪堡狸藻則是例外，必須採用較深的腰水，此外還得想辦法防止水溫上升。

（3）溫度

冬天要把盆栽收進溫室、沃德箱或水族箱裡，並將氣溫設定在10度以上來保暖，不過，長葉狸藻與荷葉狸藻等品種耐低溫，只要將溫度維持在5度以上，就能度過冬天。

問題在於夏季的照顧管理。這個類群的狸藻幾乎都少不了降溫設備，只能不計成本投資設備。

（4）換盆、培養土、盆器

用吊盆來種的話，植株會因為通風良好而長得很好。跟豬籠草一樣地吊掛在溫室裡或許也不錯。

要是不打算吊起來，就要盡量選擇通風良好的盆器。素燒盆最為合適，只是容易乾燥，要是沒有什麼時間澆水，可以用淺淺的腰水來給水。用水苔來種，而且不要塞得過於緊實，植株就會長得好。

（5）繁殖方式（分株）

這個類群的狸藻會用植物體來擴張繁殖，所以當整個盆栽都長滿的時候，就要適度分株繁殖。

U. nelumbifolia × *reniformis*
冬季不升溫也能越冬的強健品種

U. endresii × *alpina*

▌一年四季的照顧管理

	春	夏	秋	冬
放置地點	戶外或室內	戶外或室內	戶外或室內	室內
日照	陽光直射	陽光直射（遮光50％）	陽光直射	隔著玻璃照射陽光
給水	乾了就給水	乾了就給水	乾了就給水	乾了就給水

貉藻屬
Aldrovanda

囊泡貉藻（*Aldrovanda vesiculosa*）是全世界只有一屬一種的珍貴水草。自從十七世紀在印度加爾各答初次被發現後，歐洲、美洲、澳洲、印度西孟加拉邦、中國大陸北方以及黑龍江沿岸部分地區也都有人發現，如今卻幾乎已消滅殆盡。

日本的貉藻由牧野富太郎博士於一八九○年在關東平原的江戶川首次發現，因為看起來像是貉子尾巴而被命名為貉藻。後來在利根川、信濃川、木曾川，以及淀川的部分區域也有發現，卻都因為颱風導致河川氾濫、水質污濁而陸續消失，實在很遺憾。

最後僅存的貉藻原生地是埼玉縣羽生市的寶藏寺沼澤，此地的貉藻在一九六六年六月被指定為國家天然紀念物，卻在同年八月二十二日因為四號颱風所帶來的洪水災害，日本的貉藻原生地從此不復存在。幸好還有人為栽種的保留了下來，如今已知道如何栽培，且繁殖也相當容易，絕對不是什麼棘手的植物。

另外，據說在奈良縣的某個地方有貉藻繁茂滋長，很有可能是人工繁殖的。

最近從澳洲北部引進、整株為紅色的品系成為蝕友之間津津樂道的話題。另外，很多人會根據產地將其分成烏克蘭品種、波蘭品種，以及日本品種等分別栽種，不過這些植株並沒有什麼明顯的個體差異。

栽培方式

（1）日照

將容器（水族箱、水桶等）擺在日照充足的地方。以上午有陽光照射、下午遮蔭半日的地點為佳。冬季會長出冬芽進行休眠，所以擺在遮蔭處也無妨。櫻花盛開時便會開始生長。

（2）給水

無論自來水或雨水都可以用，沒有什麼差別。看到水變少了才加就行了。無須添加肥料或液態肥料等。不要把貉藻跟狸藻種在一起，因為貉藻會被狸藻驅逐出境。可放入稻田魚，但金魚會吃貉藻，所以不能放。為了讓水質保持穩定，可在底部放入土壤栽種長苞香蒲或花菖蒲等水生植物。布袋蓮會擋住陽光，所以不能種。睡蓮會讓貉藻的生長範圍變窄，所以不適合。水深要在 10 公分以上，水質才會穩定。關於水綿增生時的處理方式，請參考狸藻的頁面。

（3）溫度

一整年都可以種在戶外，但產於澳洲北部的熱帶品種必須為其升溫，或者放入室內的水族箱來照顧管理。水族箱的管理方式就跟飼養熱帶魚一樣，請參考熱帶魚飼養相關書籍。若是將水溫設定在 18 度以上，一整年都能欣賞狸藻的姿態。

▌一年四季的照顧管理

	春	夏	秋	冬
放置地點	戶外	戶外	戶外	戶外，熱帶品種須升溫
日照	只在上午照射陽光	只在上午照射陽光	只在上午照射陽光	只在上午照射陽光
給水	水深 10 公分	水深 10 公分	水深 10 公分	水深 10 公分

螺旋狸藻屬
Genlisea

螺旋狸藻屬的植物生長在南美洲與非洲熱帶地區，共有30種。只看葉片會覺得是挖耳草的一種，然而其特徵在於獨特的捕蟲方式，而且它所開的花別具一格，不同於挖耳草。近來總算有國外業者引進數個品種，日本國內也有越來越普及的跡象，但許多品種栽培不易，因此尚未真正普及。

螺旋狸藻會長出呈蓮座狀排列的鏟狀葉，以及在地面下生長的捕蟲葉，這一點跟挖耳草有所不同。捕蟲葉為白色，呈倒Y字型，捕捉的是原生動物等生物。沒有根。花莖從蓮座狀葉叢的中心處長出並開花。

消化酶方面，目前已知有分泌蛋白去磷酸酶等酵素來分解小動物，以獲得貧瘠之地缺乏的磷酸。

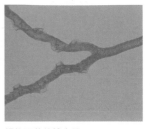

螺旋狸藻的捕蟲器

G. lobata x *violacea*

栽培方式

（1）日照
螺旋狸藻不喜歡陽光直射，所以要種在溫室裡或室內半陰處。夏季有些不耐熱，但只要把盆栽擺在涼爽的遮蔭處，就不會對植株造成什麼大傷害。

（2）給水
以腰水給予足夠的水分，並且留意是否還有水。螺旋狸藻比狸藻更喜愛水分，也偏愛空氣溼度，所以最好是把盆栽擺在溫室、水族箱或沃德箱內等高溼度的地方，並以腰水給予足夠的水分。

（3）溫度
螺旋狸藻是亞熱帶到熱帶的植物，所以冬天要把盆栽收進溫室、沃德箱或水族箱裡，也要把氣溫維持在15度以上。問題在於夏季。螺旋狸藻屬的植物大多生長在高海拔地區，所以要盡量讓盆栽在涼爽的環境中度過夏天。

（4）換盆、培養土、盆器
在素燒盆或塑膠盆底部放入大約四分之一的輕石。由於植株的地下莖會往土壤表淺處伸展，最好以泥炭土作為培養土。要是用水苔來種，地下莖在換盆或分株時就會因為跟水苔纏在一起而斷裂，造成很大的損傷。以泥炭土作為培養土，把盆栽放進水盤裡，用水仔細沖掉舊的培養土。植株要是變得沒精打采，也能透過換盆來改善。每隔幾個月一定要換盆一次，定期更新泥炭土是跟這種植物長長久久的小祕訣。另外，培養土表面要是有溼溼滑滑的苔蘚類，也要定期用水沖掉。

（5）繁殖方式（分株）
種了幾個月之後，盆裡就會長出子株，可用鑷子伸進培養土深處，將子株與親株分離。黃花螺旋狸藻（*G. aurea*）的葉片小小的卻又很多，看起來就像一整叢，所以分株時最好要照著換盆的要領來進行。

產於南美洲的黃花螺旋狸藻

產於非洲的非洲螺旋狸藻（*G. africana*）

產於南美洲的淺裂螺旋狸藻（*G. lobata*）

產於非洲的瑪格麗特螺旋狸藻（*G. margaretae*）

▌一年四季的照顧管理

	春	夏	秋	冬
放置地點	室內	室內	室內	室內
日照	遮光 50%	遮光 50%	遮光 50%	遮光 50%
給水	腰水	腰水	腰水	腰水

土瓶草屬（袋雪之下）
Cephalotus

山田巨人土瓶草（*Cephalotus follicularis* Y's Giant）

土瓶草（*Cephalotus follicularis*）僅生長於澳洲西南部，是自成一屬一種的珍貴食蟲植物。其日文名稱「袋雪之下」的由來，是因為土瓶草的花跟虎耳草科植物的很像，才會被如此命名，不過，土瓶草跟虎耳草並非近緣種。土瓶草在三十年前曾被視為珍品，一年一度在新宿伊勢丹百貨頂樓的園藝區舉辦的特賣會，都是一開始營業就被搶購一空。如今想要買到土瓶草已非難事，只是在栽培上還得費一番工夫。

葉片前端有捕蟲袋，看起來也很像豬籠草的實生苗，不過，「葉片本身特化成捕蟲袋」是比「葉片前端長出捕蟲袋」更為正確的說法。另外，土瓶草與豬籠草的不同之處在於，土瓶草也會長出不具捕蟲袋的普通葉片（平面葉）。捕蟲袋的內側與開口處的刺毛附近有許多蜜腺，蜜腺會分泌蜜汁引誘昆蟲。當昆蟲想要嚐嚐蜜汁的滋味而沿著捕蟲袋往上爬時，就會跌進袋裡。開口處就跟某個品種的豬籠草一樣，長有朝向內側的尖刺，昆蟲一旦跌落，就再也不可能爬上來。

消化酶方面，除了分泌蛋白分解酶來分解小動物以獲得貧瘠之地缺乏的氮之外，也有分泌蛋白去磷酸酶以分解磷酸，以及分解碳水化合物、核酸、脂質、幾丁質等成分的酵素。老化的捕蟲袋也會借助細菌的作用來進行消化。

土瓶草只有一屬一種，所以蝕友當中也有人會根據捕蟲袋的顏色與大小等特徵將其分別栽種，就像捕蠅草一樣。不過，就我參訪過三處原生地的經驗看來，植株彼此之間並沒有很大的差別。捕蟲袋的高度頂多是3～4公分，並沒有哪個植株稱得上巨大。人為栽種的植株則是大上許多。換句話說，原生地的植株由於營養不足，好不容易才能成長。人為栽種的植株

則是有人施肥並且勤於分株，以促使根部生長，所以才會比原生地的植株來得大。這麼說起來不免讓人覺得沒有任何夢想與希望，儘管如此，我還是忘不了初次見到原生地時的感動。

（原生地1 泥炭土溼地）

稍有傾斜的泥炭土溼地。雖然到處都有地方積水，但相較之下，土瓶草似乎更偏愛稍微潮溼的地方。而且其生長之處被20～30公分高的草所遮蔽，也就是遮光50％左右的狀態，而非陽光直射。此外，土瓶草似乎喜歡在較大的草叢旁邊生長。這就跟我在婆羅洲巴里奧的維奇豬籠草原生地看到的一樣，大樹旁邊有大量植株群集生長。另外，這裡也跟塊莖毛氈苔的原生地一樣，到處都有袋鼠糞便，肯定會是土瓶草的重要營養來源。

（原生地2 海岸岩壁）

沿著海岸前進，中途有個地方必須涉水而過。接著就會抵達土瓶草樂園，海岸岩壁上滿滿一大片都是土瓶草。大海就近在眼前，迎面吹來的是海風吧。海風強勁的日子或許也會有海水打在身上，但土瓶草卻若無其事地結出紅通通的捕蟲袋成群生長，真是不可思議。其實這裡不是海邊，而是入海口，舀起水來喝喝看就會發現一點也不鹹。土瓶草只生長在岩壁的一小塊區域，而且總會有水從生長處上方滴落。換句話說，土瓶草幾乎未曾受到海水的影響。岩壁是朝南的斜面。此地為南半球，朝南的岩壁就相當於日本（北半球）朝北的斜面。也就是說，幾乎完全沒有日照。儘管如此，土瓶草仍是一副紅通通的模樣，這真是個難解的謎啊！

（原生地3 矽砂溼地）

前面已經提過泥炭土溼地與海岸岩壁的生長狀況，接下來要介紹生長環境截然不同的矽砂溼地。

捕蟲袋的大小跟海岸上的並沒有太大的差別，只是此地的土瓶草生長在溝渠兩旁的水邊，周邊草木繁茂。同行者有人走進溝渠裡，水溫似乎相當低。當時是傍晚四點半過後，氣溫為15度。雖有陽光直射，且無草木遮蔭，但是風吹起來感覺相當冷。此地與前面兩處原生地的最大差異是，這裡的土瓶草會長出平面葉。

生長在泥炭土溼地或海岸岩壁的植株長出的都是捕蟲葉，並沒有平面葉，但這裡的土瓶草卻跟人為栽種的一樣，會長出平面葉。怎麼會有這樣的差異呢？

栽培方式

（1）日照

土瓶草基本上喜愛日照，但最好把盆栽擺在遮光30％以上的環境裡，包含盛夏在內。要是有溫室，那就擺在溫室裡日照允足的地方就行了。盛夏時遮光50％以上大概就錯不了，但我並沒有特別在意。只要上午有陽光照射就夠了，植株到下午大概會比較喜歡有遮蔭的地方。

（2）給水

基本上是用腰水來種，不過要是有辦法經常澆水，那麼不用腰水，改成乾了就給水會更好。盡量把植株種在縱長型的盆器裡。就算有溫室，也要在溫室裡準備一個水族箱，並且把盆栽放進水族箱裡，以保持高溼度。我是一整年都把盆栽放在溫室裡的一個60公分大小的水族箱裡面，植株長得很好，一點問題也沒有。

（3）溫度

土瓶草生長在澳洲平地，據說當地的冬季氣溫最低會降到5度左右，所以日本的冬季只要把盆栽收進溫室、水族箱或收納箱裡，並且保暖到不至於結凍的程度就行了。我是把最低氣溫設定在10度以上，就跟其他熱帶品種的毛氈苔與太陽瓶子草一樣。冬季當然也要有充足的日照，此外還要保持高溼度。

夏季雖然不需要幫植株降溫，但最好只在上午照射陽光，而且要擺在通風又涼爽的地方照顧管理。

（4）換盆、培養土、盆器

培養土可以只用水苔就好，不過要是用水苔包覆根部，並混合使用鹿沼土、輕石以及椰纖土等介質，植株也能充分成長。如果能在盆栽表面擺上活水苔會更好。這種植物會長出又直又長的粗根，所以要盡量選擇縱長型的盆器。

（5）繁殖方式（分株、葉插、根插）

①分株

生長順利自然會長出側芽，可在換盆時適度分株以增加數量。

②葉插

將葉片從基部摘下，插進水苔裡，一個月左右就會發芽。葉插技巧就跟墨西哥品種的捕蟲堇與捕蠅草一樣，只要在基部（葉柄處）朝上下方施力，就能輕鬆摘下葉片，接著用這個葉片進行葉插。

③地下莖扦插

可利用地面下粗壯的地下莖來繁殖。換盆時將多餘的地下莖切除，裁剪成10公分大小，橫向擺在水苔等介質上，再用水苔覆蓋，一個月左右就會長出幼苗。要是把地下莖縱向插進水苔裡，而非橫向擺放的話，同樣也會長出幼苗，只是發芽數量會比橫向的來得少，但長出的幼苗個頭比較大。葉插與地下莖扦插後的盆栽只要跟母株放在同一處就行了，繁殖方式相對簡單。

▎一年四季的照顧管理

	春	夏	秋	冬
放置地點	室內、水族箱內	室內、水族箱內	室內、水族箱內	室內、水族箱內
日照	隔著玻璃照射陽光	遮光50%	隔著玻璃照射陽光	隔著玻璃照射陽光
給水	腰水	腰水	腰水	腰水

太陽瓶子草屬
Heliamphora

羅賴馬特普伊的垂花太陽瓶子草（*H. nutans*）

太陽瓶子草屬的植物，是生長在橫跨哥倫比亞東部至委內瑞拉南部、巴西北部、蓋亞那、蘇利南以及法屬蓋亞那等地的蓋亞那高原的珍貴食蟲植物。這個區域是五億七千萬年前形成的古老大陸板塊，地殼厚且少有地震與火山活動，算是相當穩定的區域。此地久經河川侵蝕，只有上方的堅硬岩石層得以留存至今，留存下來的部分即為高原（特普伊〔Tepui〕）。這跟日本山脈的形成方式完全不同。

在遭受侵蝕後的大地上廣泛分布的生物與下方的世界隔絕，以獨特的方式進化。再加上這裡是接近赤道的熱帶地區，海拔1,000～3,000公尺，氣候冷涼且年降雨量非常多，因此有許多特殊生物。

以落差979公尺排名世界第一的安赫爾瀑布就是位於蓋亞那高原，這個落差是東京晴空塔的1.5倍以上，相較於尼加拉瀑布也有15倍以上。這個區域有一百座以上的高原，據說高原上的植物有75%是當地特有種。其中最大的一座高原——奧揚特普伊——據說甚至有東京巨蛋的15倍大，真是大得讓人無從想像啊！

蓋亞那高原

栽培方式

（1）日照

擺在屋外的話，最好是一整年都遮光30%以上，尤其是在盛夏，最好要遮光50%以上。種在室內的話，最好要盡量擺在日照充足的明亮之處。也可以使用LED燈等光源。除了提供日照以外，也要設法提升空氣溼度，這對植物來說比什麼都重要。

（2）給水

培養土乾燥很要命，所以每隔幾天就要從植株上方澆一次水。基本上最好不要用腰水，不過要是想省下澆水的麻煩而用一點腰水來種，那倒是無妨。另外，也可以把盆栽收進水族箱或收納箱裡，以提升空氣溼度。

（3）溫度

嚴冬時期要把盆栽收進溫室、水族箱或收納箱裡，並將最低氣溫設定在10度以上來保暖。我家的最低氣溫設定在5度左右，不過植株也都安然度過冬天，我想這些植株相當耐寒。夏季氣溫不容忽視。以前沒有降溫設備就沒辦法種，但幸好這幾年市面上有用組織培養技術培育出的幼苗，有很多品種都比較耐熱。

特別是常見的交配種，即使沒有降溫設備也能安然度過夏天。至於其他原種也只要在夏天——尤其是夏天晚上——把盆栽擺在涼爽的地方，就能度過夏天。

（4）換盆、培養土、盆器

太陽瓶子草跟瓶子草一樣有很多粗根，所以用水苔包覆根部種入盆裡是最好的做法。或者也可以用水苔包覆根部四周，然後用加了椰纖土的砂質培養土來種，這樣植株也會長得好。盆器不需要特別挑選，但考量到通風問題的話，可選擇素燒盆、瓷釉盆，或者附有透氣孔的塑膠盆。

（5）繁殖方式（分株）

太陽瓶子草跟瓶子草一樣可以用分株輕鬆繁殖。要是雙手稍微用點力就能輕鬆扳開的話，就可以分株移植到其他盆裡。另外，萬一分株後的植物體不帶根，可用水苔包覆住根部的位置，並用魔帶固定住之後以水苔栽種，一到兩個月後就會長根。請用這個方法試試看，不要放棄。

小太陽瓶子草（*H. minor*）

垂花太陽瓶子草（*H. nutans*）

另解太陽瓶子草（*H. heterodoxa*）

泰特太陽瓶子草（*H. tatei*）

美麗太陽瓶子草
（*H. pulchella*）

H. minor Burgundy Black

絨毛太陽瓶子草
（*H. ciliata*）

小型太陽瓶子草
（*H. parva*）

小囊太陽瓶子草
（*H. folliculata*）

麥克唐納太陽瓶子草
（*H. macdonaldae*）

似瓶太陽瓶子草
（*H. sarracenioides*）

馳曼塔山太陽瓶子草
（*H. chimantensis*）

H. BCP Flamingo

從另解太陽瓶子草的組織培養株
中選出的有斑紋的個體。

紫太陽瓶子草
（*H. purpurascens*）

艾俄那西太陽瓶子草
（*H. ionasi*）

內布利納山太陽瓶子草
（*H. neblinae*）

▌一年四季的照顧管理

	春	夏	秋	冬
放置地點	溫室裡、水族箱內	溫室裡、水族箱內	溫室裡、水族箱內	溫室裡、水族箱內
日照	遮光 30%	遮光 50%	遮光 30%	遮光 30%
給水	澆水	澆水	澆水	澆水

眼鏡蛇瓶子草屬

Darlingtonia

眼鏡蛇瓶子草的原生地是在加州與奧勒岡州的山區，從緯度看來跟日本北海道相近。我曾去過原生地參訪，並不是海拔特別高的地方。眼鏡蛇瓶子草不需要極低溫的環境，但一整年都生長在氣候冷涼的地方，這一點成了在日本栽種的一大難題，尤其是沒辦法撐過夏天。

原生地某處的蛇紋岩土壤表面有冷水浸潤，眼鏡蛇瓶子草就在旁邊群集生長。既然是這樣的地點，可想而知其根部能適應低溫。

研究並未發現眼鏡蛇瓶子草會分泌消化酶。眼鏡蛇瓶子草仰賴與其共生的細菌消化獵物，並吸收其分解產物。

栽培方式

（1）日照

就跟瓶子草一樣，照顧眼鏡蛇瓶子草的第一要務，是把盆栽擺在日照充足的地方。不過，日本的暑熱對這種植物來說是個大考驗。要是在高海拔的避暑地或高緯度地區等就連夏季也很涼爽的地方，一整年都可以種在戶外，然而其他區域就得在夏季的栽培管理方面下一番工夫了。

（2）給水

跟瓶子草一樣用腰水來種。眼鏡蛇瓶子草需要的水分比瓶子草還多，可以用4號盆以上的大花盆搭配2公分左右的腰水。另外，眼鏡蛇瓶子草對空氣溼度的要求也比瓶子草來得高，所以要盡量把盆栽擺在高溼度的地方，或者在盛夏以外的季節把盆栽放入水族箱或溫室裡照顧管理，才會長得好。

（3）溫度

眼鏡蛇瓶子草跟瓶子草一樣耐寒，在原生地都是埋在雪裡越冬。換句話說，眼鏡蛇瓶子草是在積雪的保護之下度過冬天，所以凍得硬梆梆的會有問題。另外，曝露在乾燥的空氣中會造成極大損傷，因此得像鸚鵡瓶子草跟紫瓶子草一樣，放入水族箱或收納箱裡加以保護，使其不至於結凍。

接著就是如何撐過夏天的問題了。雖然要盡量照射陽光，但為了避免氣溫上升，必須遮光50%，而且只在上午照射陽光。此外還要盡量把盆栽擺在通風處，並且用電風扇來吹。可用計時器等工具先設定好，讓風扇在中午天氣熱的時候運轉。就算中午很熱，但只要不悶，眼鏡蛇瓶子草大多受得了。但要是整個晚上的氣溫都很高，就會對植株造成很大的損傷，所以必須設法把夜間溫度降下來，尤其是盆裡的溫度。例如在傍晚的時候從植株上方澆水就是個有效的做法。另外，也可以讓盆栽在晚上吹吹風，這樣就能靠汽化熱來降低盆內的溫度。

要是住在都會區的大樓裡，夏天幾乎不可能將盆栽擺在屋外，所以晚上必須設法在屋內將盆內的溫度降到25度以下。很多同好利用飼養熱帶魚會用到的冷水循環機讓低溫的水不斷循環，或是將酒櫃改造等，想方設法來營造出低溫的環境。

（4）換盆、培養土、盆器

盆器以4號到5號的大花盆為佳，材質方面可選擇瓷釉盆或塑膠盆等穩定而不搖晃的盆器。以水苔作為培養土完全沒問題。可以的話，最好使用活水苔，但要是不容易買到，就盡量選用新鮮且品質優良的水苔。用加了椰纖土的砂質培養土來種也沒問題，但要是在盆栽表面擺上活水苔會更好。

（5）繁殖方式（分株）

眼鏡蛇瓶子草的走莖上很容易就會長出幼小植株，而且這些小植株大多還會分株，因此，將這些小植株分株後栽種是最安全確實的繁殖方式。雖然也能用母株分株，但要是無法提供穩定的栽培環境，就會對母株造成負擔，所以倒不如把重點擺在栽種小植株並維持現有的栽培環境。

▌一年四季的照顧管理

	春	夏	秋	冬
放置地點	戶外	室內低溫管理	戶外	棚架內
日照	陽光直射	LED人工照明	陽光直射	陽光直射
給水	腰水	腰水	腰水	腰水

被踢出食蟲植物界的植物

角胡麻科單角胡麻屬（*Ibicella*）

　　黃花單角胡麻（*I. lutea*）是角胡麻科單角胡麻屬的植物，其莖葉上全都是布滿黏液的纖毛，可用於捕捉小昆蟲。這種植物缺乏食蟲植物的魅力，在蝕友當中也很少有人栽種，不過，它所結出的果實被稱為惡魔之爪，尖而銳利的奇特外型讓許多對食蟲植物不感興趣的人也深受吸引。

　　其實這個尖而銳利的果實相當危險，家中要是有年幼孩童的話，務必要多加小心。而且澳洲真的把它看作是有害植物，甚至連種子與幼苗的買賣都禁止，不免令人詫異。

　　黃花單角胡麻似乎也很能適應日本的氣候，在溫暖的區域成功繁衍。儘管原產於南美洲，卻在全世界歸化。而且這個物種被稱為危險植物，在某個意義上或許就表示它給人的印象遠遠不只是食蟲植物而已。

　　雖然有論文指出無法證明黃花單角胡麻有吸收胺基酸，但考量到檢測靈敏度的問題，也很難斷定它絕對沒有吸收。儘管如此，就現況而言並無證據顯示其為食蟲植物。

從事季節性工作的食蟲植物

穗葉藤屬（*Triphyophyllum*）

　　雙鉤葉科的盾籽穗葉藤（*T. peltatum*）是自成一屬一種的植物，被歸類為食蟲植物是在一九七九年，相較之下還算是新面孔，所以在舊的食蟲植物相關書籍中不會提到這個物種。

　　這種植物生長在非洲西部的熱帶地區，跟日本紫藤一樣是爬藤植物。有些植株能長到50公尺長，基部直徑則有10公分左右。從尺寸大小看來，恐怕是食蟲植物當中最巨大的植物吧！這個尺寸大得讓人覺得，既然有這麼大的食蟲植物，那會不會也有食人植物呢？不過，這種植物只是體型巨大而已，用於捕捉昆蟲的部位則是相當小巧可愛。

　　這種植物生長在熱帶西非，當地的雨季與乾季有明顯的區別。乾季從十一月到隔年五月，長達七個月。土地不僅為酸性，還相當貧瘠。因此，這種植物在雨季剛剛開始的四、五月長出布滿黏液的葉片捕捉昆蟲，並利用這些養分在雨季期間長出能行光合作用的平坦葉片，簡直就像是季節性工作者一樣。像這樣在雨季期間充分儲存養分，為漫長的乾季預作準備，可說是相當有智慧的食蟲植物。

　　布滿黏液的葉片長出數週之後就會枯萎，而且這種有如季節性工作般的食蟲活動僅限於高度在50公分以下的植株。據說這是因為植株長得更大之後，就不再需要昆蟲來額外補充營養。原來如此，真是設想得很周到。

　　據說歐洲的植物園與研究機構有在研究如何栽培，但因為植株體型相當大，不易引進，且其原生地是非洲的賴比瑞亞與獅子山，由於內戰或開發等因素，當地濫砍濫伐的情況相當嚴重，所以也有可能未能充分調查就滅絕了。此外也幾乎未曾聽過有人栽培成功，從園藝植物的角度來看可說是還有許多研究課題尚待解決。

住在食蟲植物裡的螞蟻

　　二齒豬籠草生長在婆羅洲。在原生地那裡，二齒豬籠草的捕蟲袋裡滿滿都是被捕獲的螞蟻，但是在跟捕蟲袋相連的籠蔓上，卻有著可容螞蟻進出的小孔。換句話說，這種植物為螞蟻提供了巢穴，螞蟻就在裡面生活，這委實令人訝異。

　　而且這些螞蟻還會自行跳入捕蟲袋裡的消化液裡游動，把溺斃的昆蟲撈起，搬至巢穴食用。這種螞蟻就因為這樣的生態被稱為「游泳蟻」。

　　像這樣為螞蟻提供巢穴的植物稱為蟻棲植物 —— 部分植物體（根、莖、蔓等）膨大呈塊根狀，為螞蟻提供巢穴使其居住其中，並且以螞蟻的剩餘食物與排遺作為養分來源、與螞蟻互利共生的特殊植物。

彩虹草屬

Byblis

　　彩虹草屬的植物生長在澳洲，共有八種，然而數年前僅有亞麻花彩虹草、大彩虹草這兩個原種而已，不過，從以前就知道有地域變種。在學者的努力之下，大彩虹草的北方亞種被獨立出來，成為薄彩虹草；亞麻花彩虹草也再被細分，因此新增了絲葉彩虹草、水彩虹草、沾露彩虹草、谷霍彩虹草，以及皮爾巴拉納彩虹草（*B. pilbarana*）這五種，目前才會有八種彩虹草。

　　生長在澳洲西南部的只有大彩虹草與薄彩虹草，此地有雨季與乾季的明顯區別。其他原種則分布於澳洲北部熱帶地區的溼地，栽培上似乎也不困難。

　　有柄腺會分泌黏液，讓植株保持黏答答的狀態。無柄腺則是在受到昆蟲等的刺激之後分泌稍有黏性的黏液，但是在幾個小時過後就乾了。

　　有柄腺所分泌的消化液裡面含有從小動物身上獲取磷酸所需的蛋白去磷酸酶，以補充貧瘠之地缺乏的磷酸。研究並未發現有柄腺還會分泌其他酵素，也未發現無柄腺會分泌酵素。彩虹草也有可能是像南非捕蟲樹一樣，等刺客蟲把捕捉到的昆蟲吃掉之後，再從刺客蟲的糞便中獲取營養。

大彩虹草 （*B. gigantea*）

亞麻花彩虹草 （*B. liniflora*）

絲葉彩虹草 （*B. filifolia*）

谷霍彩虹草 （*B. guehoi*）

薄彩虹草 （*B. lamellata*）

沾露彩虹草 （*B. rorida*）

水彩虹草 （*B. aquatica*）

＊受夏洛特老師所出版書籍影響，臺灣圈內習慣叫彩虹草。

大彩虹草、薄彩虹草這類生長在乾燥地帶的品種（以下稱為乾燥類群）可按照露松的方式栽培，亞麻花彩虹草、絲葉彩虹草、水彩虹草、沾露彩虹草、谷霍彩虹草，以及皮爾巴拉納彩虹草這類生長於溼地的品種（以下稱為溼地類群）則是可按照熱帶型毛氈苔的方式栽培。

（1）日照

無論是乾燥類群還是溼地類群，一整年都要擺在日照充足的地方栽培。不過，乾燥類群就跟露松一樣，要放在不會淋到雨的地方。尤其是梅雨季節，只要擺在不會淋到雨的屋簷下或溫室裡日照充足的地方，就會順利成長。

另外，要是溼地類群也跟熱帶型毛氈苔一樣擺在溫室裡或棚架內，並且將溼度調高來照顧管理，就會順利成長。

（2）給水

雖然乾燥類群不需以腰水法給水，卻比露松還不耐旱，所以不妨用淺淺的腰水來種。另外，最好不要從植株上方澆水。相反地，溼地類群則是要給予足夠的腰水，並提高空氣溼度來照顧管理。

（3）溫度

乾燥類群只要保暖到不至於結凍的程度就沒問題，但要是把氣溫維持在5度以上，就算是嚴冬時期也會長得很好。把盆栽擺在溫室裡日照充足的地方，並注意空氣流通。溼地類群只要將溫度提高到10度以上，即使在嚴冬時期也能看到它朝氣蓬勃的樣子。另外，植株開過花之後就會衰弱枯死，所以最好把它們看作是一年生或二年生草本植物。

（4）換盆、培養土、盆器

乾燥類群只要用3號到4號大小的瓷釉盆或塑膠盆就行了，培養土不用水苔，而是使用以赤玉土、鹿沼土與輕石等適當調配而成的砂質土壤。也可以加入一點椰纖土。不過，這種植物就跟露松一樣嚴禁換盆。幼苗要移植栽種沒問題，但是在葉片長度超過10公分之後，就不要再換盆了。

溼地類群只要用水苔來種就行了。盆器用小花盆也無妨，但是像絲葉彩虹草這類大型品種，就要用3號盆以上的花盆才會好看。

（5）繁殖方式（實生）

①乾燥類群

這種植物建議要從種子種起。取得新鮮種子之後，就把種子浸在500ppm的吉貝素（武田吉貝素錠等藥劑）溶液裡二十四小時，以促使種子發芽。雖然麻煩，但不這麼做就不太容易發芽。至於藥劑該如何稀釋，請參閱產品說明書。接著單獨使用泥炭土或者以泥炭土與川砂適當調配而成的培養土來播種。把盆栽擺在不會淋到雨且日照又充足的地方，用腰水法給水並且留意不要讓培養土乾掉，一個月左右就會發芽。長出二到四片本葉之後，以不再換盆為前提從盆器裡取出植株，小心別傷到根部，接著移植到3號到4號大小的縱長型花盆裡。換盆時不需清除根部附近的培養土，盡量將根部附近的培養土也一起移植過去會更好。

一開始以腰水法給水，讓盆內有足夠的水分，並給予充足的日照來照顧管理。等到盆裡陸續有15～20公分以上的葉片舒展，就會有植株在一年內開花。播種時期以一月到三月左右為佳。另外，因為很難進行自花授粉，必須從花藥取出花粉，再拿到別的植株的雌蕊授粉。音叉是很方便的工具，花粉會因為音叉振動而被散播出去，附著在雌蕊上。授粉時間據說以中午十二點左右為佳。

②溼地類群

這個類群也是建議要從種子種起。亞麻花彩虹草與水彩虹草就算沒有用吉貝素浸泡也很容易發芽，但其他種類並不容易發芽，因此建議要在500ppm的吉貝素溶液裡浸泡二十四小時過後才播種。

播種床可以用水苔，最好是以不換盆為前提一開始就在3號左右的花盆裡播種。植株長得很快，半年左右就能成長至母株大小並開出很多的花。絲葉彩虹草會長得很大，要是放著不管就會垂到地面上，因此可用柱子等提供支撐。

亞麻花彩虹草、水彩虹草以外的品種都很難進行自花授粉，所以要跟大彩虹草一樣地幫植株授粉。不管是乾燥類群還是溼地類群，植株都會在開過花之後衰弱枯死，所以一定要採收種子，靠著實生讓植株不斷繁衍下去。

關於一年四季的照顧管理，乾燥類群請參考露松與南非捕蟲樹的頁面，溼地類群請參考亞熱帶到熱帶的毛氈苔以及溫帶低地性的捕蟲菫的頁面。

南非捕蟲樹屬

Roridula

只有兩個生長在南非南部的品種。

鋸齒南非捕蟲樹（*Roridula dentata*）

少量分布於塞德堡山脈的山路上。海拔600公尺。整個溼地都可見到茂密的灌木叢，然而有一半的面積沒有植物生長。溼地上有毛氈苔，而鋸齒南非捕蟲樹就生長在不遠處。土壤的主要成分為矽砂，略為潮溼，不過附近並沒有河川流過的跡象，也沒有河川。鋸齒南非捕蟲樹分布在平坦而廣闊的地方，附近並沒有其他特別醒目的植物，因此被認為是貧瘠之地。該處約有三十株母株，以及五十株左右的實生苗，母株與實生苗的生長位置有些距離，大概是在當地發生火災後率先生長的植物，高度為2公尺左右。

蛇髮南非捕蟲樹（*Roridula gorgonias*）

生長在赫曼努斯的低海拔山區，海拔300公尺左右的小河上游的斜坡上。撥開草叢奮力前進才得以見到原生地。此地離海岸不遠，每日早晚都有溼潤的空氣吹拂。該處也有毛氈苔生長。土壤看起來像是矽砂加上泥炭土，斜坡上有水滲出，相當潮溼。夏季有些炎熱，冬季則是很暖和。

鋸齒南非捕蟲樹　　　　蛇髮南非捕蟲樹

栽培方式

（1）日照

一整年都要擺在日照充足且通風的地方栽種。而且因為南非捕蟲樹不愛淋雨，設法讓植株不會淋到雨也是很重要的一件事。南非捕蟲樹不僅耐熱也耐寒，可說是相對健壯的植物。

這種植物不能太溼也怕悶熱，梅雨季節要多加注意。必須盡量選擇通風處，或者用電風扇來吹。

（2）給水

根據去過原生地的人的說法，南非捕蟲樹生長在相當潮溼的土地上，然而在人為栽種的情況下，培養土容易過度潮溼，所以最好是用少量的腰水來給水。這個做法也適用於露松與大彩虹草的栽培。

（3）溫度

雖說只要保暖到不至於結凍的程度就沒問題，不過要是把氣溫維持在10度以上，就算是嚴冬時期，植株也會長得很好。把盆栽擺在溫室裡日照充足的地方，並注意空氣流通。夏天可以把盆栽擺在戶外。

（4）換盆、培養土、盆器

雖說也要看植株大小而定，不過，只要用4號到5號大小的瓷釉盆或塑膠盆就可以了。培養土可使用居家修繕中心販售的園藝培養土。另外，南非捕蟲樹就算換盆也不會有什麼問題，這一點還蠻讓人意外的，因此可配合植株的成長勤於換盆。

（5）繁殖方式（實生）

實生繁殖是最好的繁殖方式，但是得先買到新鮮種子。進口的種子也不知道新不新鮮，所以要用國內採收的種子。播種的時機是在冬天（三月左右），一到兩個月後就會發芽。雖說不做任何處理也會發芽，但要是用不會稀釋得太淡的木酢液將種子浸泡一天一夜後才播種，發芽率就會往上提升。這樣的做法比吉貝素更加有效。播種之後照樣擺在戶外，不需為盆栽擋雨，也要充分照射陽光。到了這個階段，寒冷也不是什麼問題。發芽之後就把盆栽移到屋簷下或溫室裡以免淋雨，等到長出兩片子葉後，就移植到大花盆裡。

▌一年四季的照顧管理

	春	夏	秋	冬
放置地點	室內、水族箱內	戶外	室內、水族箱內	室內、水族箱內
日照	隔著玻璃照射陽光	遮光50%	隔著玻璃照射陽光	隔著玻璃照射陽光
給水	乾了就給水	乾了就給水	乾了就給水	乾了就給水

露松屬
Drosophyllum

露松（*Drosophyllum lusitanicum*）是自成一科一屬一種的珍貴植物。其外型與絲葉毛氈苔頗為相似，但因為花朵結構不同而被歸類為不同科。另外，與毛氈苔相較之下不僅葉片較厚，體型也較大。露松嫩葉的生長方向與絲葉毛氈苔恰恰相反，此為其特徵。

原生地是在西班牙、葡萄牙以及摩洛哥的的乾燥地區。

露松的黏液非常黏，就連較為大型的昆蟲（蜻蜓或蛾等）也黏得住。葉片上有許多腺毛，但是在捉到昆蟲之後並不會有任何動作。

葉片會散發出相當獨特的氣味，這種氣味雖然說不上好聞，但據說對貓咪來說就跟木天蓼一樣，所以要是種了很多露松，就得注意是否有野貓來搗亂。

腺毛分成有柄腺與無柄腺這兩種。有柄腺會分泌黏液以捕捉昆蟲，此外也會分泌消化液。無柄腺則是只會在受到捕獲昆蟲等刺激時分泌消化液。

消化液含有可分解小動物的蛋白分解酶，以獲得貧瘠之地缺乏的氮，此外也含有蛋白去磷酸酶等酵素，以獲得磷酸。

栽培方式

（1）日照

要是一整年都種在日照充足的地方，就會迅速成長。嚴冬時期可以跟瓶子草種在同一處，這一點還蠻讓人意外的，但是要把盆栽擺在不會淋到雨的地方。尤其是梅雨季節，只要擺在不會淋到雨的屋簷下或溫室裡日照充足的地方，就會順利成長。

（2）給水

露松是食蟲植物當中罕見生長在乾燥地帶的植物。因此無須以腰水法給水。另外，也要避免從植株上方澆水。只要在盆栽變乾的時候以底盤盛水，讓植株從盆底補充水分就夠了。

（3）溫度

雖說冬季只要保暖到不至於結凍的程度就沒問題，但要是把氣溫維持在10度以上，植株就算在嚴冬時期也會長得很好。把盆栽擺在溫室裡日照充足的地方，並注意空氣流通。

（4）換盆、培養土、盆器

雖說也要看植株大小而定，不過，只要用4號到5號大小的瓷釉盆或塑膠盆就可以了。露松生長在乾燥地帶，所以培養土不用水苔，而是要用以赤玉土、鹿沼土與輕石等適當調配而成的砂質土壤，也可以加一點椰纖土。不過，這種植物嚴禁換盆。幼苗要換盆沒問題，但等到葉片長度超過10公分以後，就不要再換盆了。

（5）繁殖方式（實生）

這種植物最好要從種子種起。取得新鮮種子之後，就播種到單獨使用了細粒鹿沼土的土裡。播種時期以秋季到隔年春季為佳，最好是在二月底前播種。把盆栽擺在不會淋到雨且日照又充足的地方，用腰水法給水並且留意不要讓鹿沼土乾掉，一個月左右就會發芽。長出四片本葉之後，移植到2號盆裡。此時亦可單獨使用鹿沼土作為培養土。同樣把盆栽擺在日照充足的地方，過了兩個月左右，葉片長到10公分之後，就可以進行最後一次換盆。從盆器裡取出植株，小心別傷到根部，接著移植到4號到5號大小的縱長型盆器裡，就像前面提過的一樣。培養土單獨使用鹿沼土也無妨，不過，要是種在以輕石、赤玉土與椰纖土等適當調配而成的土裡，就會長得很好。

一開始採腰水法讓盆內有足夠的水分，並給予充足的日照。等到盆裡陸續有15公分以上的葉片舒展，半年過後就會開花。

▌一年四季的照顧管理

	春	夏	秋	冬
放置地點	室內、水族箱內	戶外	室內、水族箱內	室內、水族箱內
日照	隔著玻璃照射陽光	遮光50%	隔著玻璃照射陽光	隔著玻璃照射陽光
給水	乾了就給水	乾了就給水	乾了就給水	乾了就給水

農園介紹

Farm introduction

Y's Exotics 山田食蟲植物農園　山田

透過網路販售各種食蟲植物、鹿角蕨、蟻棲植物、石杉、空氣鳳梨以及塊根植物。還有線上特賣會，買到的植物絕對跟照片長得一模一樣！頁面隨時更新。另外也有在亞馬遜網路平台上販售。有什麼想要的植物都可以來山田食蟲植物農園問問看，等你聯絡喔！

備註：農園不對外開放。

〒731-0144

広島県広島市安佐南区高取北 2 丁目 6-17（株）小町 G・G

URL：http://ys-exotics.com/

E-mail：greengrass.ohara@gmail.com

TEL：082-569-5844

Hiro's Pitcher Plants

利用八岳南麓海拔900公尺的冷涼氣候進口、栽種並培育高地性豬籠草的原種、交配種，以及各種食蟲植物。日本全國各地的市集都有參與。亦可前來農場選購，或透過網路購買，歡迎來信洽詢。

營業時間：週一到週六上午九點到下午四點

網路商店全年無休。

〒409-1501 山梨県北杜市大泉町西井出 4856

URL：http://hiros-pp.com

E-mail：inquiry@hiros-pp.com

TEL：080-8043-6851

月曜日〜土曜日 AM 9：00 〜 PM16：00

大谷園藝　園主：大谷博行

3坪的小溫室裡主要是種豬籠草，屋外則種植耐寒的瓶子草、毛氈苔以及捕蠅草等植物。販售方式主要是透過網路，此外也有在日本各地的特賣會中擺攤，不過並沒有實體店面。

〒214-0023

神奈川県川崎市多摩区長尾 5-13-9

URL：http://www.greatvalley.sakura.ne.jp

E-mail：greatvalley@mse.biglobe.ne.jp

TEL：090-6513-0399

橋本園藝

坐落於南阿爾卑斯連峰山麓、山梨縣北杜市白州町海拔 600公尺處的橋本園藝農場在二〇一九年十二月開幕。

橋本園藝生產並販售食蟲植物、鳳梨科植物（空氣鳳梨、積水鳳梨）以及洋蘭等各種熱帶植物。園主在食蟲植物栽培上有四十五年的豐富經驗，園內品種齊全。有意前來參訪者請事先預約。

〒408-0315 山梨県北杜市白州町白須 1218

URL：https://www.hashimotoengei.co.jp

E-mail：orchid@themis.ocn.ne.jp

TEL：090-4793-0840

同好會介紹

Plants Society introduction

日本食蟲植物愛好會 （JCPS）

Japanese Carnivorous Plants Society

一九九六年成立的食蟲植物同好會。除了每個月在濱田山會館（東京都杉並區）舉辦展示特賣會之外，每年發行四本期刊，並前往日本國內外原生地參訪。另外，每年一月與六月在池袋太陽城的「世界蘭展」中舉辦特賣會，每年八月上旬在板橋區立熱帶環境植物園舉辦以中小學學生為對象的栽培體驗課程。

http://jcps.life.coocan.jp/

食蟲植物探索會（IPES）

Insectivorous Plants Explorer Society

本會由宮本先生創辦，以探索全世界——日本國內當然包含在內，還有澳洲、美國、墨西哥、南美與南非等地的食蟲植物為宗旨。另外也有開設「食蟲植物研究所」。

https://syokutyutansakukai.amebaownd.com/

關西食蟲植物愛好會（KCPS）

Kansai Carnivorous Plants Society

由關西的蝕友成立的同好會，從一九九七年持續至今舉辦關西聚會。聚會地點是在大阪與兵庫，除了提供資訊交流的機會以外，也能加深蝕友對食蟲植物的理解並增廣見聞。此外也有特賣會等活動來推廣食蟲植物。

https://kcps.themedia.jp/

東海食蟲植物愛好會（TCPS）

Tokai Carnivorous Plants Society

二〇〇六年成立的食蟲植物同好會。每年定期舉辦三次聚會（例會）並同時舉辦展示特賣會。就算沒住在東海地方，也能參加聚會。除了調查東海地方的原生地以外，也會舉辦活動，透過食蟲植物傳達植物的魅力。

https://tcps.web.fc2.com/

廣島食蟲植物同好會（HCPS）

Hiroshima Carnivorous Plants Society

一九八四年創立的食蟲植物同好會。活動主要是在廣島市植物公園舉辦，除了在每年七月舉辦的食蟲植物展參展之外，也有演講與特賣活動等。另外也舉辦縣內原生地的研習活動、參觀外縣市的植物園，或者前往會員的園圃參觀等，除了增廣見聞，也能進行資訊交流。會員當中也有人在經營園藝店，除了向不同年齡層的人傳達食蟲植物的魅力之外，也針對如何推廣與栽培提供建議。

http://www.facebook.com/CPShiroshima

鳳梨居然會吃蟲！？

布洛鳳梨屬（*Brocchinia*）與嘉寶鳳梨屬（*Catopsis*）

布洛鳳梨是生長在蓋亞那高原的鳳梨科食蟲植物，這一點相當有趣。鳳梨是食蟲植物？鳳梨果肉的確含有鳳梨蛋白酶，可讓肉類變得軟嫩。咕咾肉之所以要加鳳梨，就是為了讓肉變得軟嫩，而且據說在胃裡也有幫助肉類消化的作用。

不過，鳳梨科的植物並非全都是食蟲植物。布洛鳳梨屬的小布洛鳳梨（*B. reducta*）與布洛鳳梨（*B. hechtioides*）被認定為食蟲植物，其他種類則是不會捕捉昆蟲的普通植物。這個物種跟太陽瓶子草一樣生長在蓋亞那高原，耐高溫且極為健壯為其特徵。

嘉寶鳳梨屬跟布洛鳳梨屬一樣是鳳梨科植物，目前其中只有貝爾特羅嘉寶鳳梨（*C. berteroniana*）被認定為食蟲植物。其生長範圍廣闊，涵蓋了蓋亞那高原至西印度群島以及美國佛羅里達州的範圍。

因為是附生植物，非常耐旱，就跟完全不澆水也能活的空氣鳳梨一樣。夏季高溫也完全不是問題，照顧起來一點也不費工夫。只是在人為栽種的情況下沒什麼人看過它捕捉昆蟲，因此，包含植物本身的園藝價值在內，嘉寶鳳梨以食蟲植物來說是讓人不得不心存懷疑的植物。

在嘉寶鳳梨的同類當中，有許多種類雖然不會捉蟲子卻是色彩繽紛，我想不是只有我覺得這些品種看起來更像是食蟲植物吧！要是在豬籠草溫室裡至少擺上這麼一盆作為點綴，就像蕨類與觀葉植物一樣，我想也不會有什麼損失。

至於其栽培方式，只要一整年都擺在日照充足的地方栽種就不會有問題。嚴冬時期可以跟瓶子草種在同一處，這一點還蠻讓人意外的。不過，盛夏的炙熱陽光會造成葉片曬傷，因此必須遮光30％左右。冬天只要保暖到不至於結凍的程度就夠了。

在巴西原野發現會捕食線蟲的食蟲植物

菲爾科西亞屬（*Philcoxia*）

車前草科菲爾科西亞屬的植物生長在營養貧瘠的白砂地，這種植物會在地表附近到幾乎接近地表處的地方形成短徑1公釐、長徑2公釐的橢圓形盾狀葉。葉片表面有黏毛，而且也跟同為唇形目的狸藻科以及食蟲植物中的毛氈苔屬一樣，葉片呈蜷曲狀態。這個物種生長在砂地，根部不太發達。二〇〇一年，美國加州科學院與巴西坎皮納斯州立大學的研究團隊偶然發現了*Philcoxia minensis*的另一面。研究人員在用顯微鏡仔細觀察拿回研究室的乾燥標本時發現葉片表面有0.4公釐大小的線狀物，放大觀察後發現那是線蟲，所以又再觀察了菲爾科西亞屬的另外兩個品種的標本，同樣在葉片表面看到線蟲。

坎皮納斯州立大學的研究人員將含有氮的放射性同位素的飼料餵給線蟲吃之後，把線蟲放到*Philcoxia minensis*的葉片上，並且在二十四小時過後從葉片檢測到線蟲的大約5％的氮同位素，這就表示線蟲的蟲體成分被*Philcoxia minensis*吸收。另外，*Philcoxia minensis*體內含有的氮與磷酸比周邊其他植物還要多，研究人員據此推測*Philcoxia minensis*很有可能是食蟲植物。只是它究竟是如何誘捕昆蟲？是否會分泌消化酶？真的有消化分解線蟲而不是從線蟲的排遺吸收養分？目前仍有諸多不明之處。

●索引

127

作者 **田邊直樹**

一九六三年生於日本東京。自從小學二年級第一次看到食蟲植物之後，這五十年來始終對食蟲植物著迷不已。在大原簿記學校任教二十五年，一九八八年取得稅理士資格，一九八九年取得宅地建物取引士資格。活用簿記會計實務經驗在經濟產業省、文部科學省、Miroku資訊服務公司，以及富士通等機構舉辦稅務會計研習活動。另外，一九九三年成為職業魔術師，在旅館、餐廳或婚宴中一展長才。

然而百忙之中仍不忘抽空照顧食蟲植物，成立日本食蟲植物愛好會，並大力推展網路行銷、期刊發行、定期聚會、特賣會、展覽會以及研討會等。每兩年在澳洲、美國、馬來西亞等地舉辦一次食蟲植物國際會議，與國內外同好頻繁交流。

一本就通
世界食蟲植物圖鑑

出　　　版／楓葉社文化事業有限公司
地　　　址／新北市板橋區信義路163巷3號10樓
郵 政 劃 撥／19907596　楓書坊文化出版社
網　　　址／www.maplebook.com.tw
電　　　話／02-2957-6096
傳　　　真／02-2957-6435
作　　　者／田邊直樹
審　　　定／小鴨王Duckking（陳英佐）
翻　　　譯／殷婕芳
責 任 編 輯／周佳薇
港 澳 經 銷／泛華發行代理有限公司
定　　　價／450元
出 版 日 期／2023年7月

國家圖書館出版品預行編目資料

一本就通 世界食蟲植物圖鑑／田邊直樹作；
殷婕芳譯. -- 初版. -- 新北市：楓葉社文化
事業有限公司, 2023.07　　面；　公分
ISBN 978-986-370-538-3（平裝）

1. 草本植物　2. 栽培

435.49　　　　　　　　112004784

照片協力

赤塚靖　伊藤嘉規　泉澤努　市野沢真弓　遠藤敦　大下昌宏
大谷博行　岡本直明　小野光広　大内光洋　河村拓生　黑澤慶司
黑沢絵美　救仁郷豊　車崎智成　近藤鋼司　齋藤央　坂本洋典
新谷明雄　鈴木廣司　鈴木香代子　高橋幹男　土居寛文
中村英二　中村崇　西村政哉　長谷部光泰　橋本正光　林昌宏
平川昭平　広島祐樹　福田浩司　堀口正明　政田具子
増田尚弘　宮本誠　山田眞也　山田孝之　若林浩

協力

兵庫県立フラワーセンター　姫路市立手柄山温室植物園
日本食虫植物愛好会　食虫植物探索会　関西食虫植物愛好会
東海食虫植物愛好会　広島食虫植物同好会　山田食虫植物農園
ヒーローズピッチャープランツ　大谷園芸　橋本園芸　間淵通昭

參考文獻

食虫植物の世界 魅力の全てと栽培完全ガイド（田辺直樹）
食虫植物育て方ノート（田辺直樹）
食虫植物 その不思議を探る（小宮定志）
食虫植物 不思議な魅力（食虫植物研究会）
原色 食虫植物（近藤誠宏 近藤勝彦）
カラーブックス 食虫植物（山川学三郎）
食虫植物 入手から栽培まで（近藤誠宏 近藤勝彦）
MAGNUM OPUS Carnivorous Plants of Australia Volume 1.2.3
（Allen Lowrie）
Monograph of the *Genlisea*（Fleischmann）
Tropical Plant（日の出花壇）
CARNIVOROUS PLANTS HANDBOOK（土居寛文）
花アルバム 食虫植物（食虫植物研究会）
グリーンブックス 食虫植物（小宮定志・清水清）
観察と栽培 食虫植物図鑑（小宮定志）
世界の食虫植物と不思議植物（吉田彰）
ドロセラ属 種類と栽培 試行版 ver1.1（間渕通昭）
ムシトリスミレの魅力と栽培（アシナガムシトリスミレの会）
朝日新聞社発行「植物の世界」
趣味の山野草 2018年2月号（栃の葉書房）
一正園の植物案内 NO2 NO3（一正園）
タヌキモ属栽培種閻魔帳（齋藤央）
Utricularia Forever（若林浩）

制作

株式会社スタンダードスタジオ

デザイン

有限会社プールグラフィックス